AF366566

50 VARIÉTÉS
DE
POIRES D'ÉLITE

pour grandes et petites cultures

———o◦o———

DESCRIPTION, CULTURE ET DESSIN D'APRÈS NATURE
(forme et volume)

PAR

Gustave MICHIELS

Horticulteur diplômé de l'État, Architecte-Paysagiste

AVEC LA COLLABORATION DE

MICHIELS Frères

Arboriculteurs, Pépiniéristes à Montaigu (Brabant)

BRUXELLES
SOCIÉTÉ BELGE DE LIBRAIRIE
(Société anonyme)
Oscar SCHEPENS, Directeur
16, rue Treurenberg, 16

———

1892

50 VARIÉTÉS DE POIRES D'ÉLITE

NÉCESSITÉ

D'ÉPURATION ET DE SÉLECTION

parmi les milliers de variétés de poires!

50 VARIÉTÉS
DE
POIRES D'ÉLITE

pour grandes et petites cultures

RÉSULTAT D'ÉTUDES
consciencieuses et persévérantes

NÉCESSITÉ
D'ÉPURATION ET DE SÉLECTION
parmi les milliers de variétés de poires !

DESCRIPTION, CULTURE ET DESSIN D'APRÈS NATURE
(forme et volume)

PAR

Gustave MICHIELS
Horticulteur diplômé de l'État, Architecte-Paysagiste

AVEC LA COLLABORATION DE

MICHIELS Frères
Arboriculteurs, Pépiniéristes à Montaigu

Auteurs des livres : *Les Prairies-Vergers* et *Les Fruits de choix*

Rédacteurs du *Journal des Fermes et des Châteaux*

et de la Revue *La Belgique Horticole et Agricole*

BRUXELLES
SOCIÉTÉ BELGE DE LIBRAIRIE
Société anonyme

Oscar SCHEPENS, Directeur

16, rue Treurenberg, 16

1892

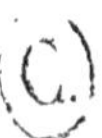

BRUX., IMP. POLLEUNIS ET CEUTERICK, RUE DES URSULINES, 37.

NÉCESSITÉ

D'ÉPURATION ET DE SÉLECTION.

On compte aujourd'hui environ 7,000 variétés de poires.

Il y a de quoi induire en erreur la plupart de ceux qui veulent planter soit un verger, soit un jardin; il faudrait même être arboriculteur de profession et pomologue sérieux pour ne pas s'y perdre!...

Ce nombre colossal contient évidemment des poires fertiles, bonnes et avantageuses à cultiver; mais, par contre, quelle quantité considérable, effrayante même, de poiriers médiocres, de nature chancreuse et atteints de gale, variétés de poires tachées, véreuses ou pierreuses, sans saveur ni parfum!

Cette masse énorme de variétés de poires — baptisées pour la plupart de noms alléchants, accompagnés de descriptions élogieuses — donne inévitablement lieu à une inextricable confusion; elle plonge le profane, qui voudrait ne planter que de bons fruits, dans un grand embarras et dans une cruelle incertitude.

Ce qui ne contribue pas moins à dérouter le planteur, c'est cette effroyable synonymie qui permet à certains charlatans horticoles — et ce sous le couvert de réclames pompeuses — de présenter comme poires *nouvelles* les mêmes variétés parfaitement *anciennes*.

En cela encore, il faudrait être sérieusement au courant de la pomologie pour ne pas s'y laisser prendre.

Bien des planteurs agissent trop souvent par insouciance, par parcimonie ou par ignorance : ils greffent et perpétuent ce qui leur tombe sous la main; ils achètent au hasard et plantent à l'aventure; peu leur importe l'espèce, pourvu que ce soit un arbre fruitier et qu'il paye de mine! On va, parfois, jusqu'à dresser en *pyramides* ou en *fuseaux* des sortes de poires qui ne produisent bien qu'en *espalier*, et l'on voit souvent cultiver contre des murs avantageusement exposés des variétés de poiriers qui ne devraient être plantées que dans le verger.

C'est déplorable!

Faute d'un guide pratique ou de connaissances voulues, ces planteurs s'exposent ainsi à ne récolter que de mauvais fruits, sans valeur, sur des arbres qui restent là pour toute une vie et qui réclament autant de place, de temps et de frais de culture que les variétés fertiles et exquises que nous recommandons et qui sont infiniment plus profitables.

Lorsqu'on songe que la culture extensive et intelligente des arbres fruitiers est une source de revenus et même une fortune permanente, on est en droit de s'étonner de ce qu'il y a encore tant de gens qui agissent en aveugles sans se rendre un compte exact ni de la qualité du fruit, ni de la bonne croissance et de la constante fertilité de chacun des arbres.

Il serait difficile de convaincre les cupides ou de déterminer les négligents: mais, à ceux qui ne savent pas ou qui sont incertains et qui aiment à être guidés, nous disons: Voici 50 poires d'élite.

50 POIRES D'ÉLITE

RÉSULTAT D'ÉTUDES

consciencieuses et persévérantes.

Les 50 poires d'élite dont nous donnons ici la description, la culture et le dessin d'après nature sont, pour tous ceux qui désirent planter et cultiver *sans tâtonnements,* celles auxquelles on peut se fier en toute assurance, sans crainte de déceptions ni de remords.

Les amateurs de bons et beaux fruits de table, de poires exquises pour desserts trouveront amplement, parmi ces 50 poires d'élite, de quoi garnir leurs jardins quelle qu'en soit la superficie.

Les cultivateurs et fermiers spéculateurs pourront trouver parmi ces 50 poires un choix judicieux et suffisant pour planter dans leurs vergers, leurs champs ou leurs prairies, et cela avec grand profit : les fruits, au sein même d'une abondance relative, sont bien plus recherchés et trois à quatre fois mieux payés qu'autrefois, parce qu'on sait les utiliser de toutes façons et qu'ils font l'objet d'un commerce considérable.

Nous convenons volontiers que notre choix de ces 50 variétés n'est pas précisément exclusif : il serait injuste de condamner beaucoup d'autres bonnes poires; mais nous prétendons pouvoir garantir — même en réduisant encore cette collection — un succès certain, d'excellents fruits dont la maturation est échelonnée depuis juillet, août... à travers l'hiver... jusqu'en mai.

On ne saurait contester qu'en arboriculture fruitière, comme en toutes choses, du reste, l'expérience vaut de l'or, mais qu'elle coûte cher à acquérir: nos lecteurs feront donc bien de profiter de celle d'autrui, qui ne leur coûte rien. Eh bien! ces 50 variétés de poires d'élite, pour la plupart, sont non seulement le résultat de nos recherches personnelles, mais encore d'études et d'observations d'un grand nombre de sommités arboricoles, pomologues, jardiniers et amateurs d'arboriculture fruitière du pays et de l'étranger.

Ces 50 poires d'élite sont donc, pour la

plupart — et ce de l'avis d'un grand nombre de spécialistes belges, français, anglais, allemands et hollandais — celles que l'on peut cultiver, en toute assurance, les unes dans les vergers, les autres dans les jardins, selon les aptitudes spéciales que nous préciserons plus loin.

COMMENT

et où doit-on cultiver

CHACUNE DE CES 50 VARIÉTÉS DE POIRES ?

Il en est presque des sortes de fruits comme des hommes : elles ont, comme eux, si l'on peut dire, leur vocation, qu'il est toujours plus ou moins dangereux de contrarier ou de forcer.

Il ne suffit pas de greffer ou d'acheter ces 50 bonnes sortes de poiriers : il faut savoir discerner et leur approprier une position, ainsi qu'une formation bien en rapport

avec leurs aptitudes et leurs exigences spéciales. C'est un point capital.

Cependant, les planteurs d'arbres fruitiers n'y prêtent souvent qu'une attention
par trop légère; ils ne s'assurent pas suffisamment quelles sont parmi ces sortes :

1° Celles qui réussissent le plus avantageusement en *haute tige* dans les vergers,
les champs et les prairies;

2° Celles qui se prêtent le mieux à la
culture en *pyramide*, en *fuseau* et en
buisson;

3° Celles qui exigent impérieusement la
culture en *espalier* et la protection d'un
mur exposé plus ou moins au soleil pour
qu'elles puissent acquérir ce beau volume
et toutes ces qualités exquises qu'on est
en droit d'attendre de ces plantations.

Le tableau suivant résume toutes les
indications, à ce sujet, que le lecteur trou-
vera plus développées.

NOMS DES VARIÉTÉS.	Époque approximat. de maturité.	Haut vent pour verger.	Pyramide.	Fuseau et Buisson.	Contre-espalier.	ESPALIER AUX MURS Sud Sud-Est.	Levant Nord-Est.	Couchant Sud-Ouest.	Nord Nord-Ouest.	Franc et Cognassier.
Beurré Giffart	Juillet-Août	oui	oui	OUI	OUI	non	non	oui	OUI	F.
Clap's Favourite	"	OUI	OUI	OUI	OUI	non	non	oui	OUI	F.C.
Bon Chrétien William	Août-Sept.	oui	OUI	OUI	OUI	non	non	oui	OUI	F.c.
Madame Treyve	"	oui	OUI	OUI	OUI	non	non	oui	OUI	F.C.
Marguerite Marillat	"	oui	OUI	OUI	OUI	non	non	oui	OUI	F.C.
Beurré Van den Hove	Sept.-Oct.	OUI	OUI	OUI	OUI	non	non	oui	OUI	F.C.
Beurré d'Amanlis	"	OUI	non	oui	OUI	non	non	oui	OUI	F.C.
Beurré Hardy	"	OUI	OUI	OUI	OUI	non	oui	oui	OUI	F.C.
Fondante des Bois	"	OUI	OUI	OUI	OUI	non	oui	oui	OUI	F.C.
Double Philippe	"	OUI	oui	OUI	oui	non	oui	oui	OUI	F.C.
Beurré superfin	"	OUI	OUI	OUI	OUI	non	oui	OUI	OUI	F.C.
Bonne Louise d'Avranches	Oct.-Nov.	OUI	OUI	OUI	OUI	non	oui	oui	OUI	F.C.
Beurré Durondeau	"	OUI	OUI	OUI	OUI	oui	OUI	OUI	OUI	F.C.
Seigneur d'Esperen	"	non	oui	OUI	OUI	non	OUI	OUI	non	F.c.
Beurré Bosc	"	OUI	non	OUI	OUI	non	OUI	OUI	non	F.
Délices d'Hardenpont	"	non	oui	OUI	OUI	oui	OUI	oui	non	F.c.
Marie-Louise Delcourt	"	OUI	NON	OUI	OUI	non	oui	oui	non	F.
Beurré Dumont	"	OUI	OUI	OUI	OUI	non	OUI	OUI	non	F.C.
Alexandrine Drouillard	"	OUI	OUI	OUI	OUI	non	oui	oui	non	F.C.
Soldat Laboureur	Nov.-Déc.	OUI	OUI	OUI	OUI	non	OUI	OUI	non	F.C.
Conseiller de la Cour	"	OUI	OUI	OUI	OUI	non	oui	oui	non	F.C.
Nec plus Meuris	"	OUI	OUI	OUI	OUI	non	oui	oui	non	F.C.
25ᵐᵉ anniv. de Léopold Ier	"	OUI	OUI	OUI	OUI	non	oui	oui	non	F.C.
Duchesse d'Angoulême	"	oui	OUI	OUI	OUI	non	OUI	OUI	non	F.C.
Comte de Flandre	"	oui	OUI	OUI	OUI	non	oui	oui	non	F.c.
Bon Chrétien Napoléon	"	oui	OUI	OUI	OUI	non	OUI	OUI	non	F.c.
Van Mons	"	OUI	OUI	OUI	OUI	non	oui	oui	non	F.
Alexandre Lambré	"	oui	OUI	OUI	oui	non	oui	oui	non	F.C.
Beurré Diel	Déc.-Janv.	OUI	oui	OUI	OUI	oui	oui	oui	non	F.C.
Zéphirin Grégoire	"	oui	OUI	OUI	OUI	oui	OUI	OUI	non	F.c.
Beurré Clairgeau	"	oui	OUI	OUI	OUI	non	OUI	OUI	non	F.c.
Triomphe de Jodoigne	"	OUI	non	oui	oui	non	OUI	OUI		F.C.
Beurré Six	"	oui	OUI	OUI	OUI	oui	OUI	OUI		F.c.
Belle épine Du Mas	Janv.-Févr.	oui	OUI	OUI	OUI	oui	OUI	oui		F.C.
Besy de Chaumontel	"	oui	oui	OUI	OUI	oui	OUI	oui		F.c.
Passe Colmar	"	NON	NON	non	oui	OUI	OUI	oui		F.C.
Beurré d'Hardenpont	"	NON	oui	oui	oui	OUI	OUI	oui		F.C.
Beurré de Luçon	"	non	oui	oui	oui	OUI	OUI	oui		F.c.
Nouvelle Fulvie	"	oui	oui	oui	oui	OUI	OUI	oui		F.C.
Olivier de Serres	Février-Mars	non	oui	OUI	OUI	OUI	OUI	oui		F.C.
Saint-Germain d'Hiver	"	non	oui	oui	oui	OUI	OUI	oui		F.C.
Joséphine de Malines	"	oui	oui	OUI	OUI	OUI	OUI	oui		F.c.
Passe Crassane	"	non	oui	oui	oui	OUI	OUI	oui		F.C.
Beurré Sterckmans	"	non	oui	oui	oui	OUI	OUI	oui		F.C.
Doyenné d'Hiver	Mars-Avril	NON	NON	non	oui	OUI	OUI	oui		F.C.
Doyenné d'Alençon	à	non	oui	oui	oui	OUI	OUI	oui		F.c.
Beurré de Rance	Mai	non	non	non	oui	OUI	OUI	oui		F.c.
Catillac	"	oui	oui	oui	oui	oui	oui	oui		F.c.
Bon Chrétien d'Hiver	"	non	oui	oui	oui	OUI	oui	oui		F.C.
Bergamote d'Esperen	"	non	oui	oui	oui	OUI	OUI	oui		F.C.

Note (Nord Nord-Ouest column, Triomphe de Jodoigne to Bergamote d'Esperen): Il est préférable de garnir ce mur de cerisiers du Nord, qui se plaisent et rapportent beaucoup à cette exposition.

Nota. — Tout ce qui est résumé dans ce tableau se trouve détaillé à chacune des descriptions des poires, ainsi qu'à la fin de l'ouvrage sous les titres de *Modes de culture, Notions de taille, Plantations*, etc.

TABLEAU-RÉSUMÉ DE LA CULTURE.

Le tableau indique :

1° Les noms des 50 variétés de poires d'élite ;

2° L'époque approximative de leur maturité ;

3° Si elles vont bien ou mal sous les différentes formes *haut vent, pyramide fuseau, buisson* et en *contre-espalier* ;

4° Si elles vont bien ou mal en *espalier* aux murs exposés en plein au sud, au levant, au couchant, au nord, ou aux expositions intermédiaires du sud-est, sud-ouest, nord-est ou nord-ouest.

Les OUI disent que, selon les cas indiqués, on peut être assuré du succès.

Les *oui* préviennent qu'on ne peut y admettre ces variétés qu'à la rigueur.

Les NON avertissent de la non-réussite.

Les *non* disent que la réussite serait problématique.

La lettre F signifie que la variété correspondante ne va bien qu'étant convenablement greffée sur franc (poirier de semis).

Les lettres F.C. indiquent que la variété correspondante va bien à la fois étant greffée sur franc de semis (F.) et sur cognassier (C.) (de bouture).

La petite lettre c exprime que la variété en regard est inconstante ou délicate étant greffée sur cognassier ou qu'elle lui est antipathique. Il n'est cependant pas impossible de leur donner comme pied le cognassier en greffant, par exemple, d'abord le Beurré Hardy, qui porte à son tour les greffes des variétés antipathiques. Donc le Beurré Hardy sert d'intermédiaire en ce cas : c'est ce que nous pratiquons avec succès dans nos pépinières.

A PROPOS

DES

INDICATIONS

pour la maturité de nos 50 poires.

Pour procéder avec ordre, nous classons nos 50 poires en quatre séries :

Poires d'été ;

Poires d'automne ;

Poires d'hiver;

Poires tardives.

Nous assignons même pour chacune d'elles la maturité mensuelle.

Cependant, il est à remarquer une fois pour toutes que ces indications ne sont qu'approximatives, car il serait sinon impossible du moins très difficile de bien préciser le juste moment de la maturité de ces poires. Combien de causes n'y a-t-il pas, en effet, qui retardent ou avancent plus ou moins cette maturité?... Les différentes natures de terrain, les divers modes de culture, la climature et la température des saisons y influent beaucoup. De plus, il a été constaté maintes fois par ceux-là surtout qui se sont occupés de la conservation de fruits que les poires sont capricieuses sous ce rapport. Sans doute, l'époque de leur récolte et la manière dont on y procède, puis la plus ou moins grande humidité de l'année en sont les causes principales; mais parfois aussi, sans raison bien appréciable et un peu au hasard, la maturité est en avance chez les uns et en retard, au contraire, chez les autres.

Pour la même raison, il aurait peut-être été un peu plus juste de les classer ainsi :

1re série, poires d'été et d'automne;

2e série, poires d'automne et d'hiver;

3e série, poires d'hiver et de printemps.

car il n'y a pas, à proprement parler, de limites formellement tracées pour la maturité de ces poires, qui se succèdent sans ordre parfait.

Nous préférons même observer ce classement pour *nos trois tableaux-poires* (1) destinés surtout à l'enseignement public ou populaire.

---

(1) Chacun de ces trois tableaux comporte de 16 à 17 variétés de poires, soit 50 dessins en tout. Chaque tableau mesure environ un demi-mètre au carré. Le papier est fort et beau.

2

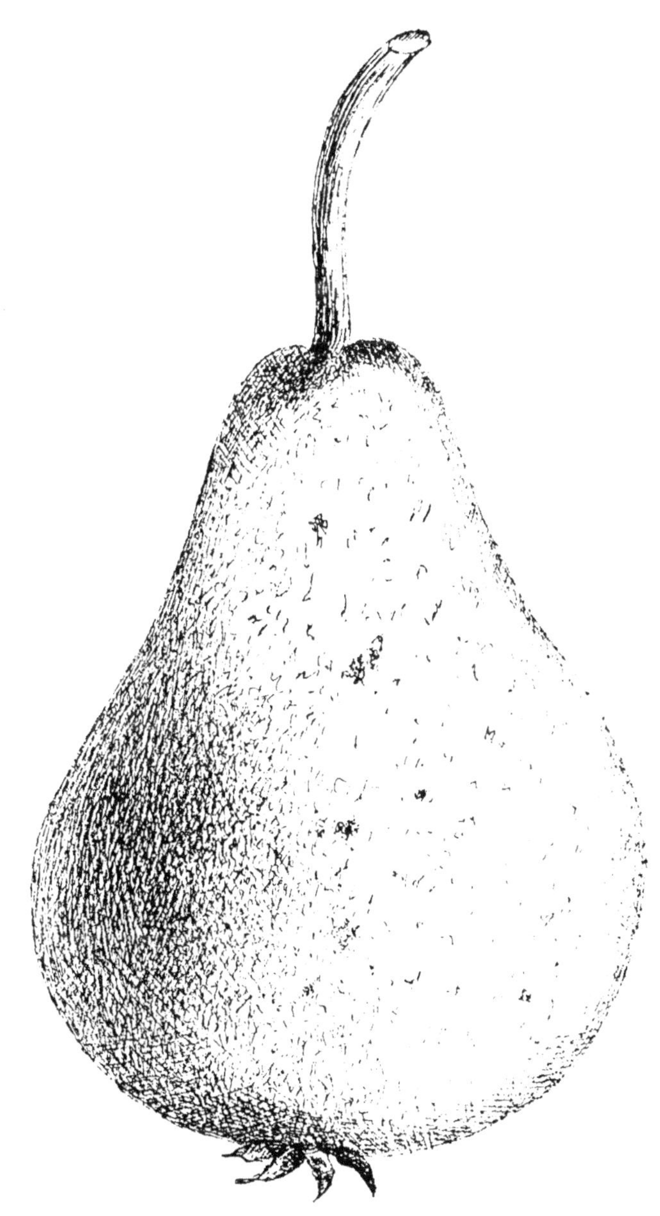

Beurré Giffart.

BEURRÉ GIFFART.

Cette poire est la bienvenue, car c'est une des premières poires nouvelles et fraîches tant attendues. Elle mûrit dès juillet.

Le fruit est pyriforme, régulier, vert jaunâtre, frappé de carmin et de rouge du côté du soleil ; sa chair est juteuse, fondante, fine, sucrée, légèrement parfumée. Il est bon de cueillir cette poire en plusieurs fois pour en prolonger la jouissance.

L'arbre est fertile, mais peu vigoureux. Ses branches étant divergeantes, on ne le soumet çà la forme pyramidale qu'avec un peu de difficulté. Il va mieux en espalier, en contre-espalier, en fuseau et en buisson. Il peut réussir sur cognassier, mais moins bien qu'étant greffé sur franc de semis.

On le cultive encore en haut vent ; en ce cas, nous le greffons avec succès sur franc et mieux encore sur greffe intermédiaire du robuste Beurré Hardy. Quand on tient absolument à planter des poires précoces dans un verger, nous conseillons plutôt le Citron des Carmes (poire Madeleine) et le Doyenné de Juillet (Dikstelen) ; la végétation en est plus robuste et le rapport en est plus grand pour la spéculation.

L'arbre-mère du Beurré Giffart a été trouvé en 1825 par M. Giffart d'Angers.

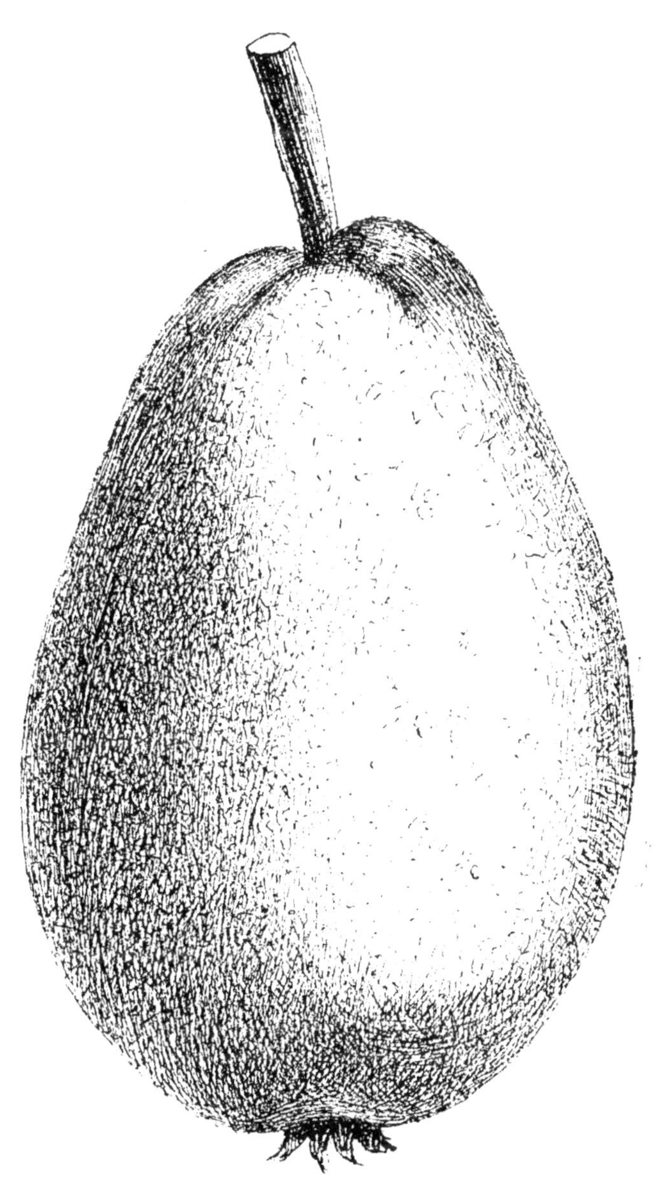

Clap's Favourite.

CLAP'S FAVOURITE.

Une autre perle comme poire d'été, recommandée à ceux auxquels déplaît le goût musqué du Bon Chrétien William.

Fruit gros, presque pyriforme, jaune citron d'un côté, brunâtre de l'autre. Sa chair est délicieuse, beurrée, sucrée, fondante. Mûrit en août.

Cet arbre va bien sur cognassier comme sur franc. On en fait de belles pyramides, des fuseaux, des buissons, des espaliers et des contre-espaliers. C'est une variété fertile, rustique, d'origine américaine, encore trop peu répandue dans nos jardins.

Le port en est régulier, facile à maintenir avec peu de soins de culture et de taille. On a raison de le planter en verger ; étant greffé sur franc, on en obtient des arbres vigoureux, pyramidaux et rapportant beaucoup.

En raison précisément des hautes qualités de la Clap's Favourite, d'aucuns ont spéculé sur la vente des premières greffes ; mais, aujourd'hui, les pépiniéristes sérieux ne l'exploitent qu'au prix ordinaire des autres variétés.

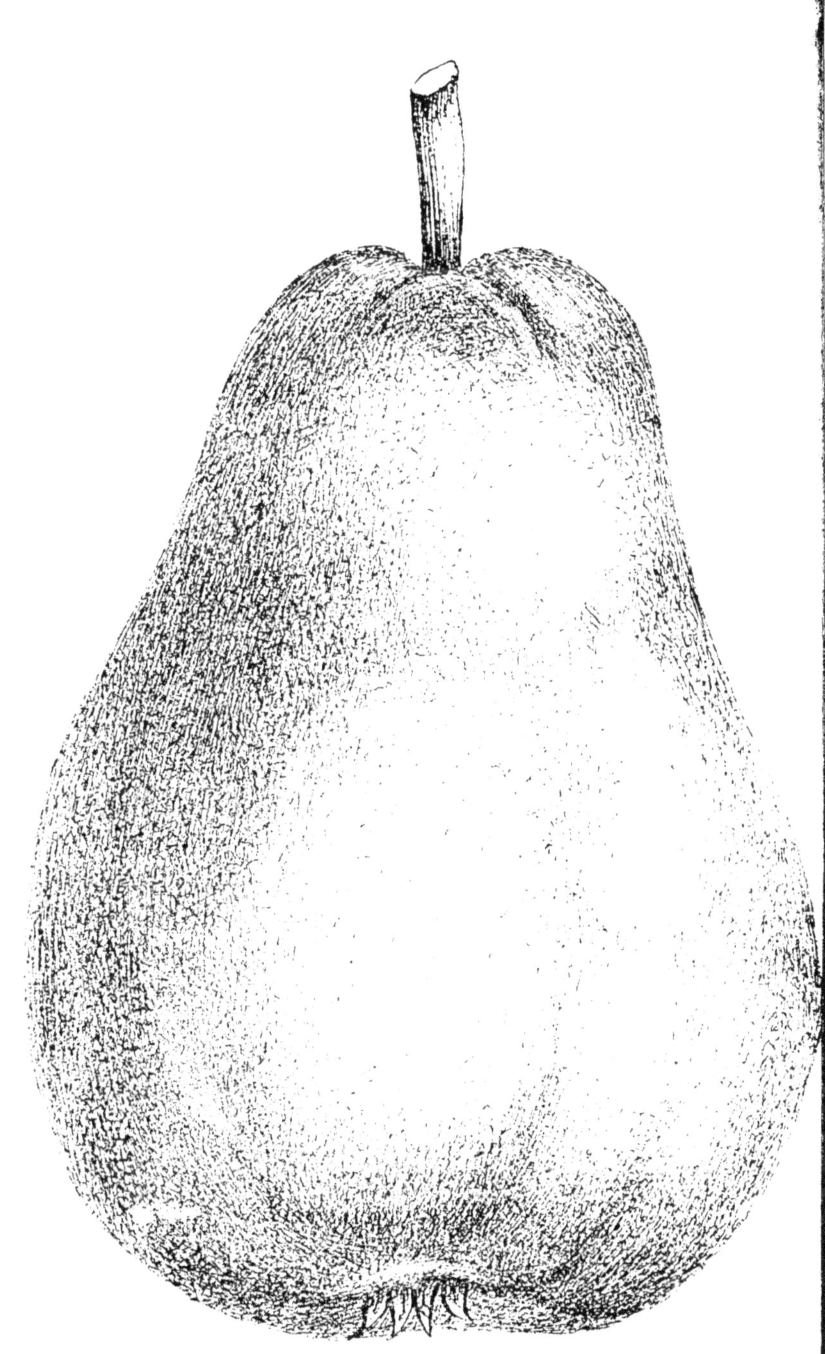

Bon Chrétien William.

BON CHRÉTIEN WILLIAM.

La perle des fruits d'été, selon l'expression de M. Jamin ; mais il ajoute : « S'il n'avait pas ce goût musqué que n'aime pas tout le monde. » Cependant, il suffit, pour mitiger ce parfum, de planter des arbres greffés sur franc et de cueillir les fruits en plusieurs fois un peu avant la maturité.

C'est également un des plus beaux fruits d'été, gros, oblong, ventru, bosselé, à peau mince, vert clair passant au jaune d'or vif, sillonné de taches fauves.

La chair en est délicieuse, fondante, très juteuse ; maturité en août–septembre.

L'arbre est vraiment fertile, de belle vigueur sur franc et de vigueur moyenne sur cognassier. Le port en est régulier, ce qui permet d'en faire de belles pyramides, de beaux fuseaux, des espaliers, des contre-espaliers. On en fait de bons buissons faciles à conduire et de magnifiques tiges et demi-tiges pour être cultivées en plein vent, mais à l'abri des grands vents. Il nécessite une taille assez courte.

L'arbre-mère de cette précieuse variété a été propagé en 1770 par William, un horticulteur anglais.

Madame Treyve.

MADAME TREYVE.

Voici encore une des belles et bonnes poires d'été, exempte de la saveur musquée commune à beaucoup de poires précoces. Ce fruit recommandable est assez gros, à surface un peu bosselée, turbiné obtus, jaune verdâtre ombré de rouge orangé; sa chair est exquise, très juteuse, rafraîchissante. Maturité, août-septembre.

Cet arbre a fait preuve, dans les jardins, de bonne croissance et de belle fertilité. Il est propre à toutes les formes, sur cognassier et sur franc. Nous croyons qu'il pourra être utilement planté en haut vent, pourvu qu'on le place à un endroit abrité, car, quoique ses rameaux soient gros, érigés, bien soutenus, ils sont un peu cassants en cas de grande production.

L'arbre-mère a été trouvé en 1858 par M. Treyve, à Trévoux (France), qui a dédié la variété à Mme Treyve.

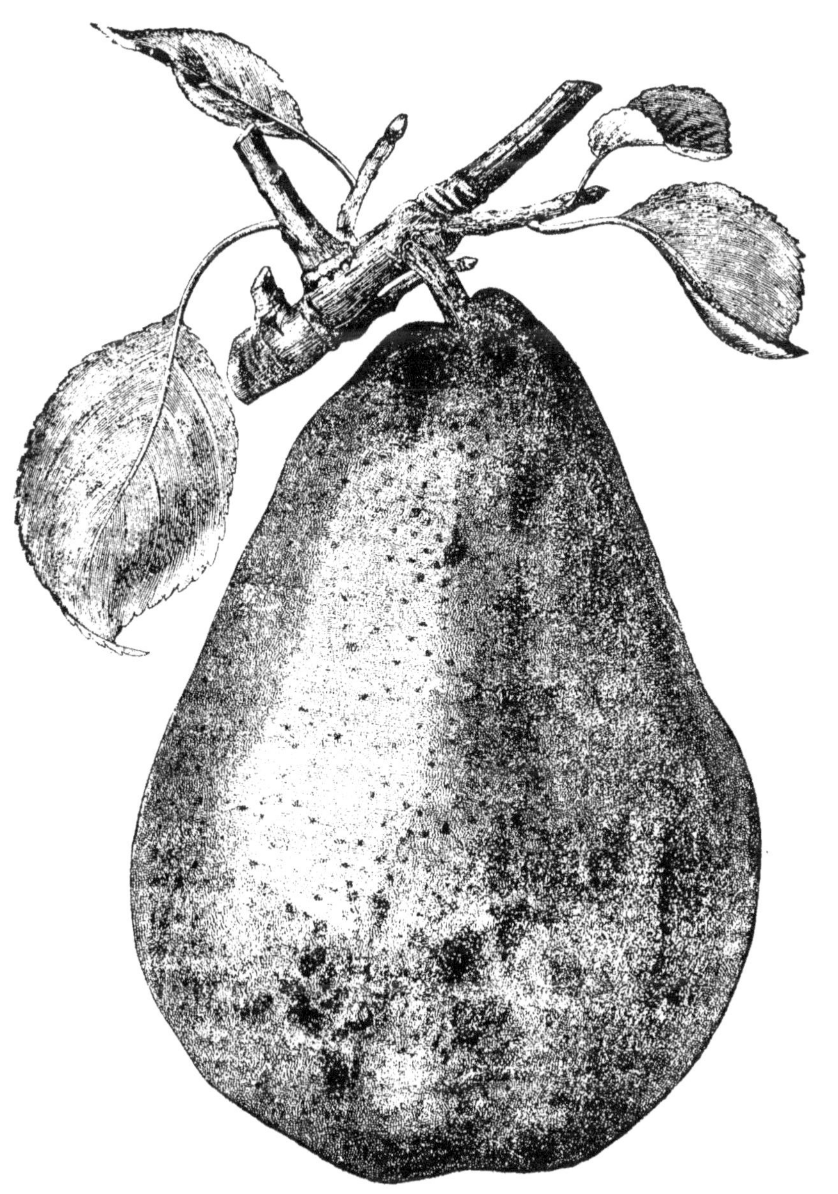

Marguerite Marillat.

MARGUERITE MARILLAT.

Si nous admettons ce nouveau gain parmi nos « 50 poires d'élite », c'est qu'il a pour cela des mérites incontestables, et ce qui le prouve c'est que la poire Marguerite Marillat a été plusieurs fois recommandée par le Congrès pomologique.

Comme le montre le dessin, le fruit est superbe, gros, pyriforme ; sa peau est d'un beau jaune marbré de roux.

La chair est fine, délicieuse, juteuse, sucrée, légèrement acidulée, relevée d'un goût musqué, mais bien moins que chez la poire Bon Chrétien William.

Ce beau et bon fruit mûrit à la fin août.

L'arbre est d'un beau port, se prête facilement à la culture en pyramide, en fuseau, ainsi qu'en contre-espalier. Nous voyons réussir les greffes sur cognassier et sur franc de semis.

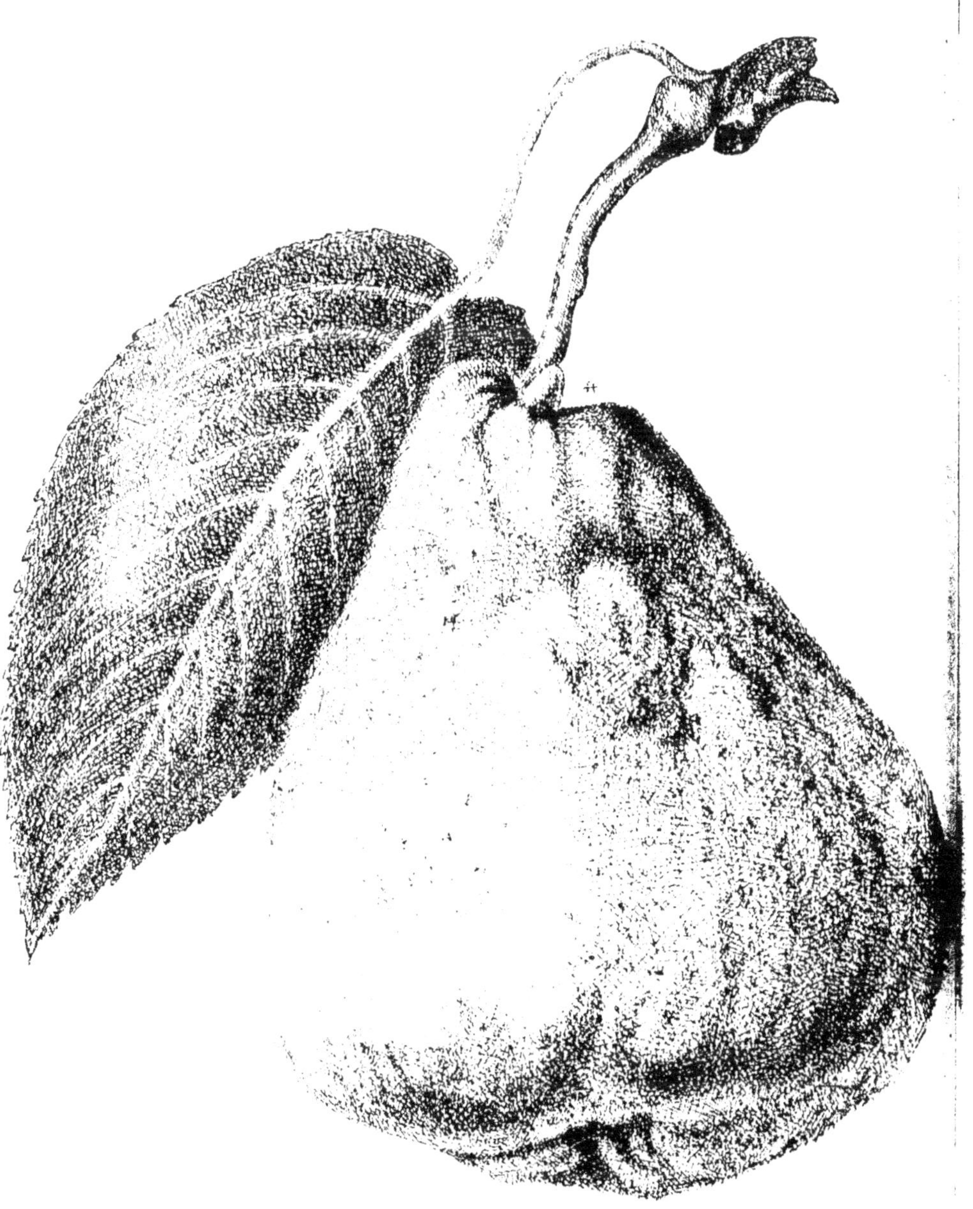

Beurré Van den Hove.

BEURRÉ VAN DEN HOVE.

Le Beurré Van den Hove est une heureuse trouvaille pour la pomologie, dont le pied-type existe dans le jardin de M. Frantz Van den Hove, à Diest, le sympathique artiste peintre, à la collaboration duquel nous devons plusieurs des gravures qui ornent cet ouvrage.

Ce fruit est d'une belle grosseur moyenne, ovale obtus, à peau onctueuse, jaune léger taché de fauve ; chair beurrée, délicieuse, sucrée, très juteuse et d'une exquise saveur acidulée.

C'est assurément un des meilleurs fruits de septembre–octobre. Nous sommes heureux de populariser cette variété précieuse, d'autant plus que l'arbre-mère est d'une beauté exemplaire comme santé, vigueur et comme port régulier. Nous l'avons multiplié en masse sur cognassier et sur franc de semis et nous devons dire que les jeunes arbres qui en sont provenus se distinguent dans nos pépinières par une végétation extraordinairement belle et vigoureuse.

Cette variété se prête admirablement à la culture pour jardins et vergers.

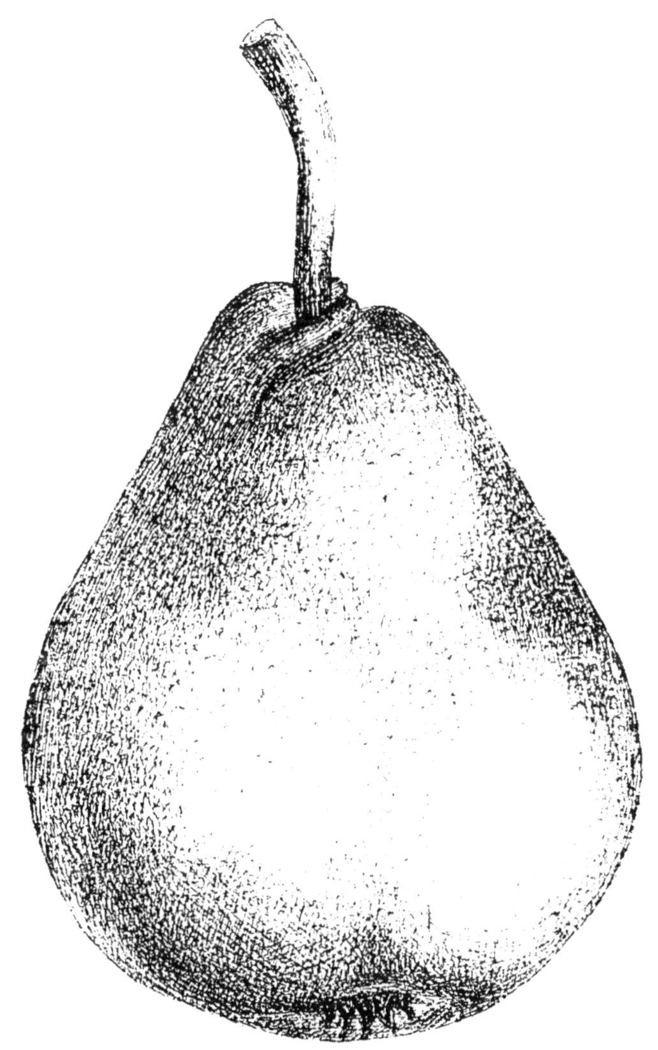

Beurré d'Amanlis.

BEURRÉ D'AMANLIS.

(Synonyme : **Wilhelmine.**)

Que ce soit un gain belge (de Van Mons , comme
le prétend M. Bivort, ou un gain français (de la
Bretagne), comme le soutient M. Jamin, c'est en tous
cas une variété de poire qui doit être du nombre de
celles qu'on plante dans les vergers en vue du commerce de fruits, car elle y donne de grands produits
estimés sur les marchés à l'égal du Beurré Hardy
et du Double Philippe.

C'est en haut vent dans les prairies et les
champs que cet arbre rustique, robuste et fertile
procure de grands bénéfices. Il est bon, en ce cas,
de cueillir ses fruits un peu avant la maturité,
qui a lieu en septembre.

Il se prête moins bien à la forme pyramidale ;
mais, étant greffé sur cognassier, on en fait de
bons arbres de jardin, tels que fuseau, buisson,
palmette.

On en fait encore de jolis *pleureurs* pour mettre
dans les jardins lorsqu'on le greffe sur cognassier
et qu'on l'élève en hautes tiges.

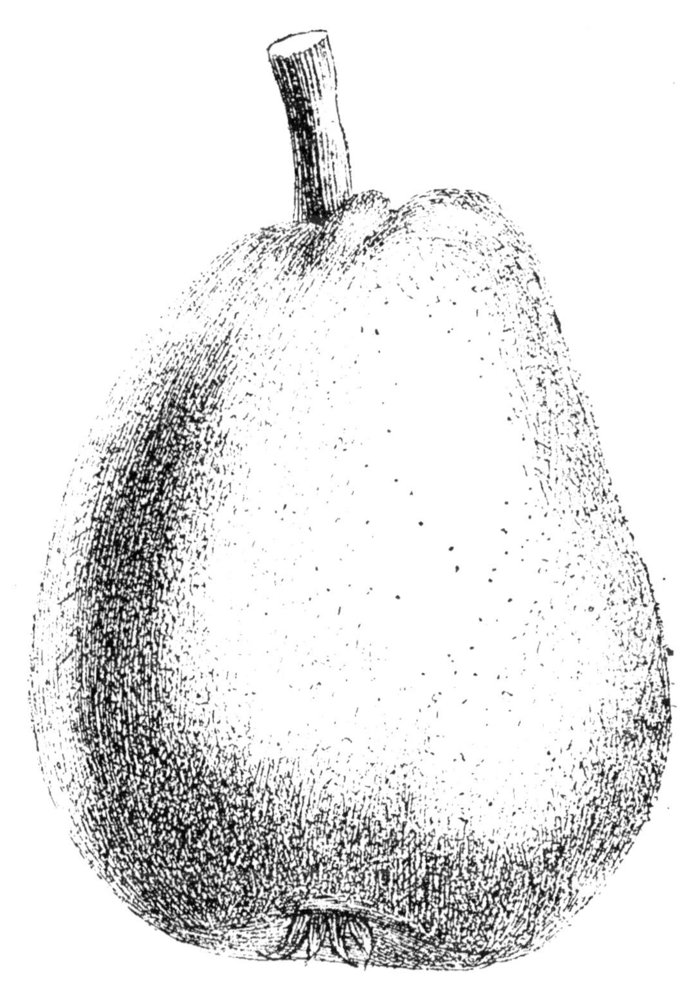

Beurré Hardy.

BEURRÉ HARDY.

Nous pouvons hardiment classer cette poire au premier rang des variétés d'automne pour verger et jardin.

Son fruit est de toute première qualité, à chair fine fondante, sucrée et agréablement aromatisée. C'est également une belle poire, grosse, ovale, verdâtre, parsemée de taches bronzées et dorées.

L'arbre, par sa belle vigueur et son port régulier, se prête admirablement à toutes les formes : en pyramide, fuseau, espalier et contre-espalier. Sa vigueur est un peu plus modérée sur cognassier pour la culture des arbres de jardin, mais c'est un arbre superbe et productif dans les vergers lorsqu'il est greffé sur franc de semis.

C'est, de plus, une variété qui a fait ses preuves de fertilité : elle a été gagnée en 1830 par M. Bonnet à Boulogne-sur-mer ; il en existe déjà des poiriers comme des chênes. Ses mérites la rendront aussi populaire que notre Double Philippe, et les pépiniéristes l'élèvent d'autant plus volontiers que c'est un arbre qui se prête docilement à toutes les formes.

La maturité a lieu en septembre.

Fondante des Bois.

FONDANTE DES BOIS.

Cette belle et bonne poire fait partie du triomphe de la pomologie belge. Van Mons l'a propagée dès 1810 et, depuis, nous la rencontrons dans la plupart des jardins fruitiers sérieux, car l'arbre est d'une belle végétation et régulièrement fertile.

On en fait de belles pyramides, de beaux fuseaux, des espaliers et des contre-espaliers. On peut le greffer sur cognassier et sur franc de semis. Ce dernier est avant tout le sujet qui doit servir de support aux poiriers Fondante des Bois qu'on plante dans les vergers, dans les champs et le long des allées.

La poire en est généralement très grosse, régulière de forme : sa peau est lisse, très fine et d'un beau jaune vif, marbrée de vermillon et piquetée de roux. Sa chair est légèrement beurrée, très fine, fondante, juteuse et sucrée.

Cette poire mûrit en septembre-octobre et doit être consommée à point.

Double Philippe ou Doyenné de Mérode.

DOUBLE PHILIPPE

ou DOYENNÉ DE MÉRODE.

Cette poire est incontestablement la plus populaire que nous cultivions en Belgique ; elle est également très estimée en France, en Allemagne et en Hollande.

C'est avant tout une variété de verger par excellence. L'arbre, étant greffé sur franc de semis, est robuste, atteint une dimension considérable et sa fertilité est, pour ainsi dire, proverbiale. Les spéculateurs en font des vergers entiers ; d'autres en font seulement des entre-plantations, alternativement avec des pommiers, non moins productifs, mais plantés à grande distance. Le produit en est notable. Nous connaissons près de Montaigu un Double Philippe colossal, dont la récolte d'une année a été vendue 115 francs. Ce même arbre a produit depuis vingt ans pour la somme rondelette de 870 francs ! On peut juger du joli bénéfice qu'on réaliserait si l'on avait une centaine de ces arbres par hectare !

Le Double Philippe est de vigueur modérée sur cognassier. On peut, avec quelques soins, en faire des pyramides et d'autres formes pour jardin.

Son fruit est gros, ovale tronqué, renflé, d'abord vert, puis jaune fin, pointillé de rouge. Sa chair est demi fine, presque cassante et très juteuse au début, mais tendre et neigeuse à la maturité, qui a lieu en septembre-octobre.

Beurré Superfin.

BEURRÉ SUPERFIN.

Le Beurré Superfin serait une variété sans défauts si l'arbre était un peu plus fertile; mais nous conseillons pour cela de le cultiver sur cognassier et, dans ces conditions, on en fait de belles pyramides, des fuseaux, des espaliers et des contre-espaliers. L'arbre est plus vigoureux sur franc et se prête bien par sa docilité à la culture dans les jardins et dans les vergers, mais abrités des grands vents.

Ce fruit mérite bien son nom pompeux de *superfin*, car sa chair est délicieuse, sucrée, fondante, légèrement relevée d'un arome acidulé. Mûrit en septembre.

C'est également un beau fruit, à peau fine, verte d'abord, jaunâtre ensuite, parsemée de tons bronzés.

Cette variété a fait son chemin depuis 1844 que M. Gonbault, pomologue français, l'a propagée.

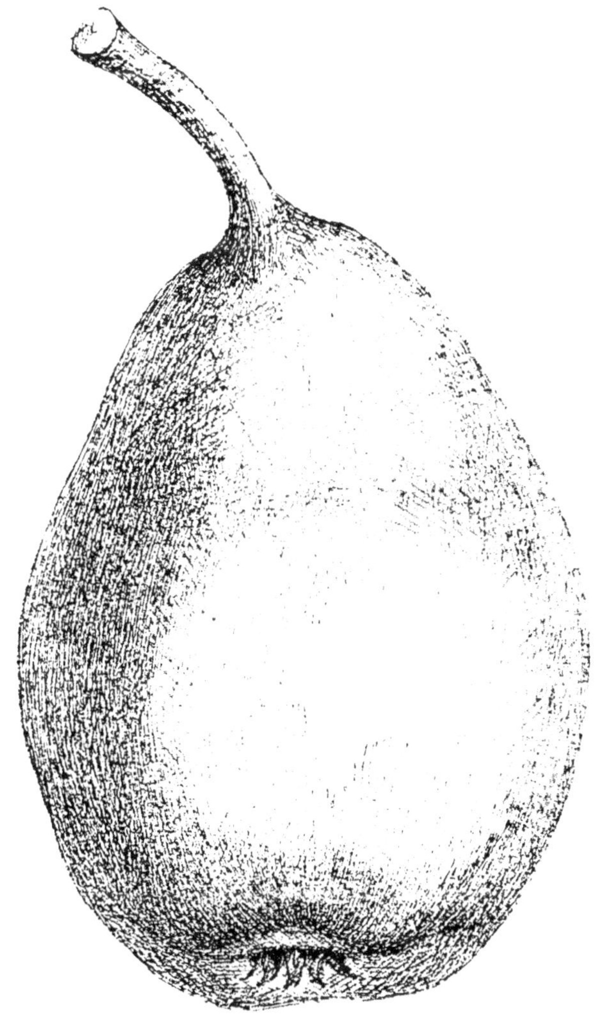

Bonne Louise d'Avranches.

BONNE LOUISE D'AVRANCHES.

Les arboriculteurs-pomologues sont d'accord avec les amateurs de fruits pour dire que la Bonne Louise d'Avranches est une des plus recommandables, la plus recommandable même, des poires de septembre. Elle a droit à une belle place dans tous les jardins, car on en fait sans peine de beaux arbres fertiles, tant en pyramide qu'en fuseau, en espalier et en contre-espalier. Elle réussit bien sur cognassier pour les petites formes et sur franc de semis pour les formes à grand développement. Elle se prête encore admirablement en haut vent et beaucoup de spéculateurs plantent dans leur verger un certain nombre de sujets de Bonne Louise en les alternant avec d'autres arbres fruitiers hautes tiges.

C'est un beau fruit allongé, ventru, jaune verdâtre lavé de rouge carmin. Sa chair blanche est très fine, très fondante, bien juteuse (mouille-bouche), agréablement acidulée et parfumée. Nous en avons eu des fruits depuis septembre jusqu'à la mi-octobre.

Elle porte encore le nom de Bonne de Longueval parce qu'elle a été obtenue, il y a cent ans, par M. de Longueval, à Avranches.

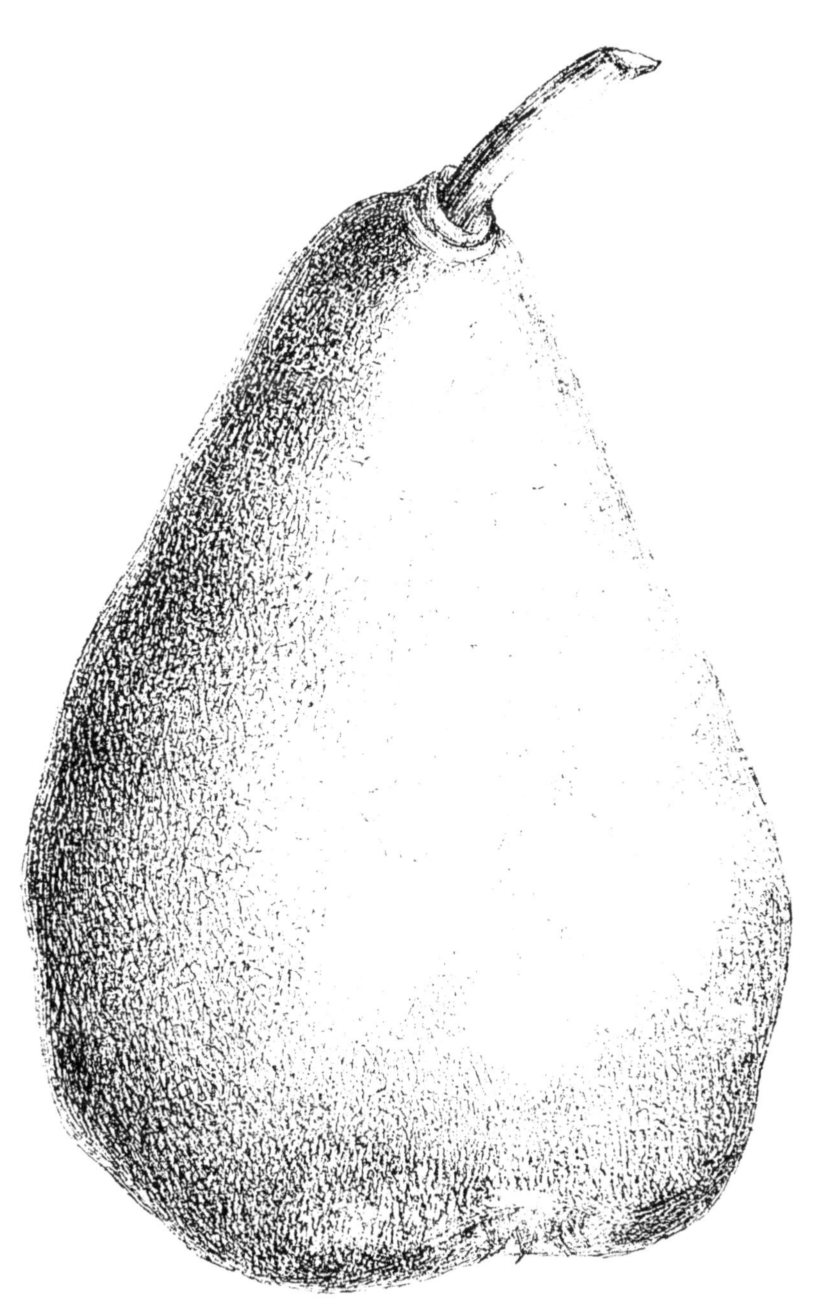

Beurré Durondeau ou Poire de Tongres.

BEURRÉ DURONDEAU

ou Poire de Tongres-Notre-Dame.

Si l'on devait se prononcer pour savoir quelle est la poire la plus avantageuse à cultiver, nous croyons bien que le Beurré Durondeau rallierait le plus d'avis. A tous les points de vue, cette précieuse variété a pour cela des mérites incontestables.

Son fruit est des plus beaux : gros, pyriforme ventru, un peu bosselé ; la peau en est jaune foncé, brunâtre, lavée de jaune orangé. Sa chair est mi-fine et fondante, sucrée et très juteuse, aromatisée, d'excellente saveur.

Cette variété est d'autant plus précieuse qu'elle adopte toutes les formes et qu'elle prend tout aussi bien sur cognassier que sur franc. On en fait de belles pyramides, des fuseaux, des palmettes, des cordons. Elle se plait bien en espalier au levant, au couchant et même au nord. Les fruits sont un peu moins gros sur haute tige, il est vrai ; mais ce léger défaut est racheté au quintuple par sa prodigieuse fertilité. Les fruits en sont très recherchés et se prêtent fort bien au transport pour le commerce ; ils sont de toute première qualité et mûrissent en octobre. *Durondeau* est le nom de l'heureux obtenteur.

Seigneur d'Esperen.

SEIGNEUR D'ESPEREN

Bergamote lucrative.

Ce n'est pas seulement, en général, l'une des meilleures poires que notre pomologue Esperen ait gagnée, mais c'est encore, en particulier, une des meilleures poires d'automne que l'on puisse recommander à tous ceux qui désirent planter quelques pyramides, quelques fuseaux ou quelques contre-espaliers; elle va également bien en palmette au levant. Elle est très fertile sur franc pour les formes à grand développement et sur cognassier pour les formes restreintes. L'arbre est d'une vigueur ordinaire et peut produire encore en abondance sur haute tige.

Son fruit est d'une grosseur moyenne, mais particulièrement délicieux, fondant, fin et très juteux, fort sucré et agréablement parfumé. On l'appelle encore en France Fondante d'Automne. Sa forme est arrondie, un peu turbinée; sa peau est jaunâtre, légèrement marbrée. Elle mûrit en octobre et se conserve au plus tard jusqu'en novembre.

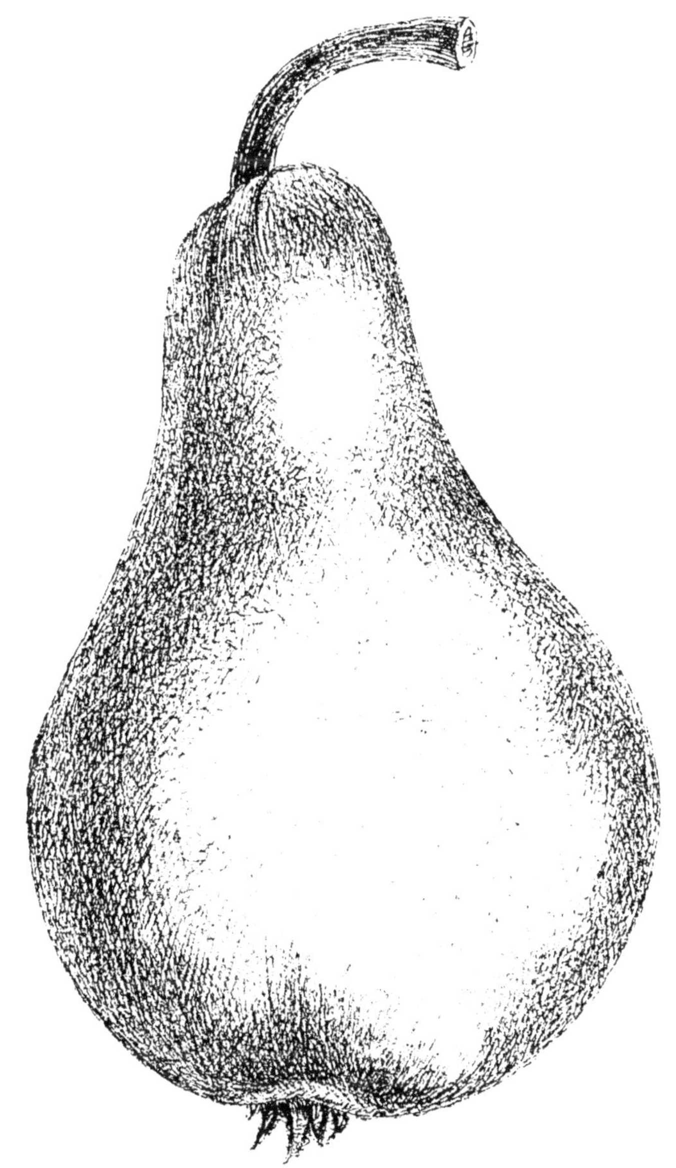

Beurré Bosc.

BEURRÉ BOSC

Beurré d'Apremont.

On peut confondre le Beurré Bosc avec la Callebasse Bosc ; mais celle-ci mûrit plus tôt, dès septembre, et la qualité est inférieure à celle du Beurré Bosc.

On parvient à faire de belles pyramides, ainsi que de grandes palmettes du Beurré Bosc si l'on a soin de greffer cette variété sur franc de semis. Elle réussit médiocrement sur cognassier, à moins d'*entre-greffer* le Conseiller de la Cour, qui prend mieux sur cognassier et qui sert ainsi d'intermédiaire puisqu'il reçoit à son tour la greffe du Beurré Bosc, auquel on procure de la sorte une bonne vigueur pour en faire des arbres de jardin très fertiles. C'est aussi une variété fort avantageuse pour verger ; il lui faudrait cependant pour cela un peu plus de vigueur.

Le Beurré Bosc est une belle poire, moyenne, longue, à peau verdâtre, tachetée de jaune et de roux. Son pédoncule est long, flexible, attachant solidement le fruit à l'arbre. La chair est exquise, presque cassante, très juteuse, parfumée et sucrée. Elle mûrit en octobre.

Délices d'Hardenpont.

DÉLICES D'HARDENPONT.

M. l'abbé d'Hardenpont, l'habile pomologiste belge, obtint ce fruit en 1759. Ne confondons pas le Délices d'Hardenpont avec le Beurré d'Hardenpont, que nous comprenons aussi dans nos « 50 poires d'élite ».

Ce fruit devient gros en espalier et presque gros sur pyramide et fuseau. Il est irrégulier, côtelé tout en étant un beau fruit. La peau est vert clair, jaunissant à la maturité, maculée de brun-roux du côté du soleil. La chair est très blanche, fine, fort uteuse, sucrée avec un parfum délicat, dans les sols chauds bien entendu, car les sols froids, humides lui communiquent un goût âpre.

L'arbre est de nature vigoureuse et se laisse bien greffer sur franc et sur cognassier. Il est d'une végétation remarquable par son facies en pyramide, mais préfère la culture en espalier, au levant et au midi. Cette bonne poire mûrit en novembre.

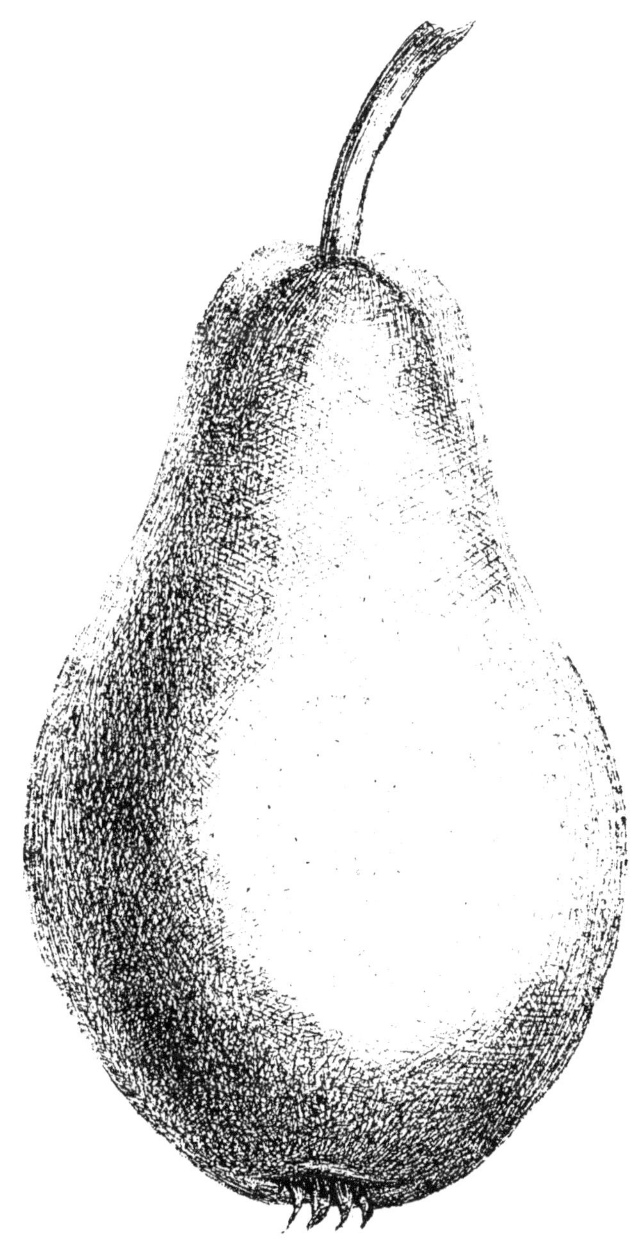

Marie-Louise Delcourt.

MARIE-LOUISE DELCOURT.

C'est un magnifique fruit de table, de forme allongée, presque cylindrique. Sa peau verte, avec taches brunes et réseaux roux, cache une chair délicieuse, fine, fondante, fort juteuse et parfumée.

Si les branches ne poussaient pas de travers, ce serait une variété à cultiver dans tous les jardins; malheureusement, le port en est irrégulier et l'on ne parvient qu'avec beaucoup de peine à en faire des pyramides.

Cette variété se laisse assez bien conduire sous toutes les autres formes, en espalier et en contre-espalier; mais elle est surtout à sa place dans les vergers, où elle peut se développer librement. Dans ces conditions, la Marie-Louise Delcourt est tout ce qu'il y a de plus fertile; elle est, en outre, très vigoureuse. Il y a lieu de la greffer de préférence sur franc de semis et, en cas de besoin, sur cognassier, mais par greffe intermédiaire de Conseiller de la Cour ou de Double Philippe. C'est une précieuse variété, qui mûrit en novembre.

Beurré Dumont.

BEURRÉ DUMONT.

Encore un fruit d'automne qui commence à se répandre. C'est à la fois une grosse et belle poire, un peu irrégulière de forme, presque arrondie, dont la peau lisse, piquetée au soleil de tons gris et rouges, renferme une chair très fine, légèrement vineuse, au jus abondant, sucré, délicieusement parfumé.

Le Beurré Dumont réussit bien sur cognassier et sur franc de semis.

On en fait sans peine de remarquables pyramides parce que la végétation en est très régulière; au surplus, toutes les formes lui conviennent. On l'adopte même avec avantage dans les vergers sous forme de haute tige. Partout et toujours fertile : en contre-espalier, en plein vent et en espalier au levant et au couchant.

Le fruit mûrit vers le mois de novembre

Alexandrine Drouillard.

ALEXANDRINE DROUILLARD.

M. Drouillard, architecte à Nantes, a obtenu cette bonne variété il y a environ une quarantaine d'années. Elle n'a pas manqué d'être appréciée à sa juste valeur ; aussi, l'a-t-on multipliée au point que tous les amateurs la comptent parmi leur collection.

C'est un beau et gros fruit, pyriforme, un peu bosselé ; la peau en est lisse, vert clair qui passe au jaune bronzé à la maturité, lavée de roux et parsemée de points gris et noirs.

La chair est blanche, fine, succulente et délicieusement parfumée.

La croissance naturelle de l'arbre est à la fois vigoureuse, fertile et d'un beau port. Il est propre au haut vent comme à l'espalier et à la pyramide, de préférence sur franc.

C'est donc une précieuse variété, dont le fruit mûrit en novembre et décembre.

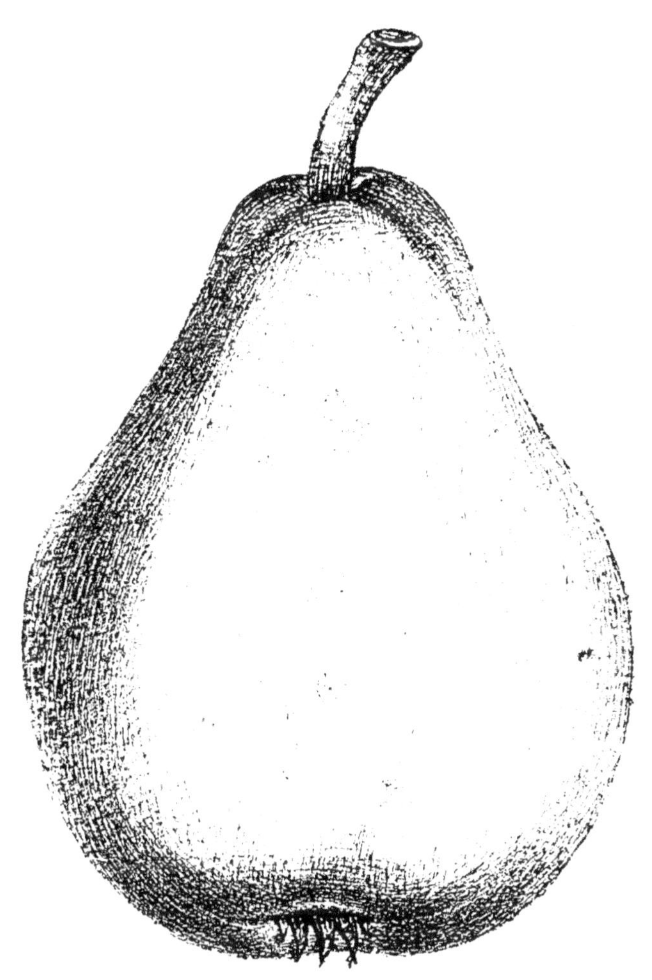

Soldat Laboureur.

SOLDAT LABOUREUR.

Le Soldat Laboureur est une variété qui a sa place marquée avant tout dans les jardins et aussi dans les vergers abrités.

C'est une poire régulièrement pyriforme, ventrue, de grosseur moyenne ; elle est même grosse lorsqu'elle provient d'un espalier bien exposé.

La peau lisse, d'abord vert tendre, passe au jaune doré même avant le moment de la maturité.

La chair est exquise, juteuse, fondante, délicieusement aromatisée.

L'arbre se comporte mieux sur franc de semis que sur cognassier et se prête bien à la culture en pyramide, en fuseau, en espalier et en contre-espalier au levant et au couchant ; on en forme aussi de belles hautes tiges.

Cette bonne poire est à point en décembre.

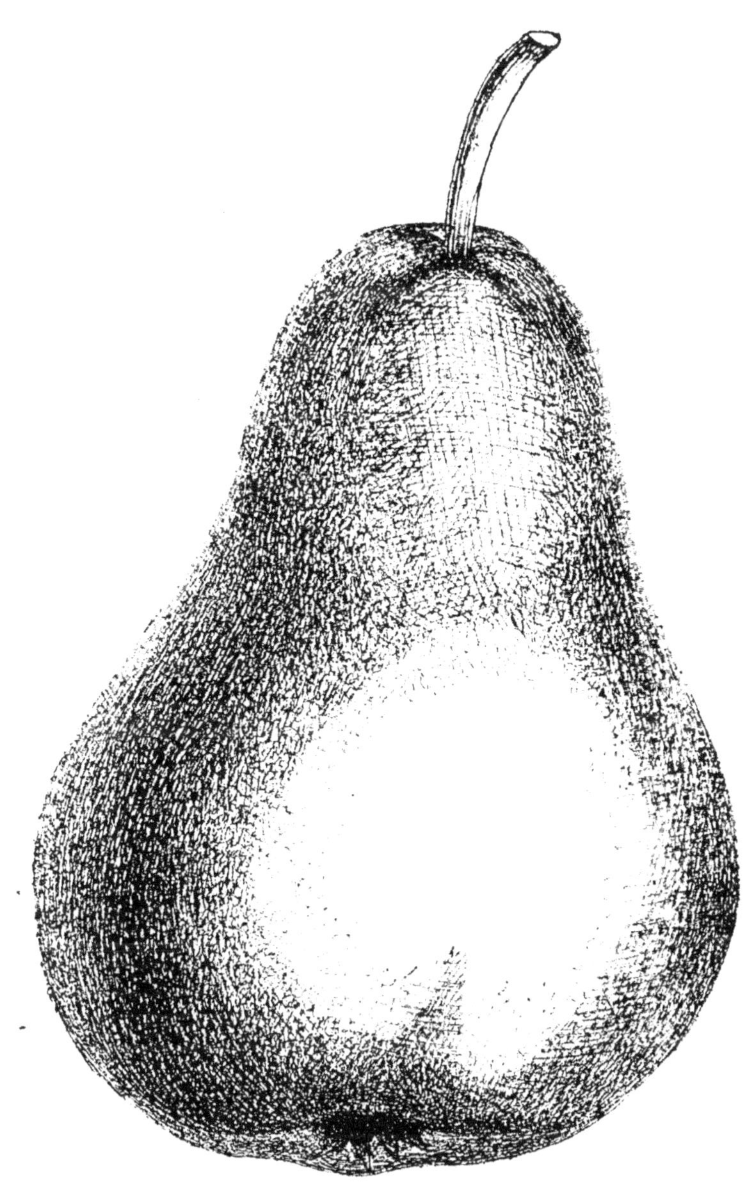

Conseiller de la Cour.

CONSEILLER DE LA COUR.

C'est un des plus beaux et des meilleurs gains du pomologue Van Mons. Il l'a dédié à son fils, conseiller à la cour d'appel de Bruxelles.

Le fruit — un des plus gros dans les variétés dites *poires à couteau* — est de forme régulière, pyriforme, renflée au centre ; son extérieur est vert clair jaunissant à la maturité, avec quelques taches brunâtres.

La chair est blanche, fine, fondante, beurrée, juteuse, sucrée avec un bon parfum.

L'arbre est d'une culture agréable parce qu'il se prête facilement à toutes les formes : pyramide, fuseau, buisson, espaliers, etc. On en fait aussi de bonnes hautes tiges.

On le greffe avec succès si bien sur cognassier que sur franc de semis. Toujours fertile et de bonne vigueur.

Il mûrit en novembre-décembre.

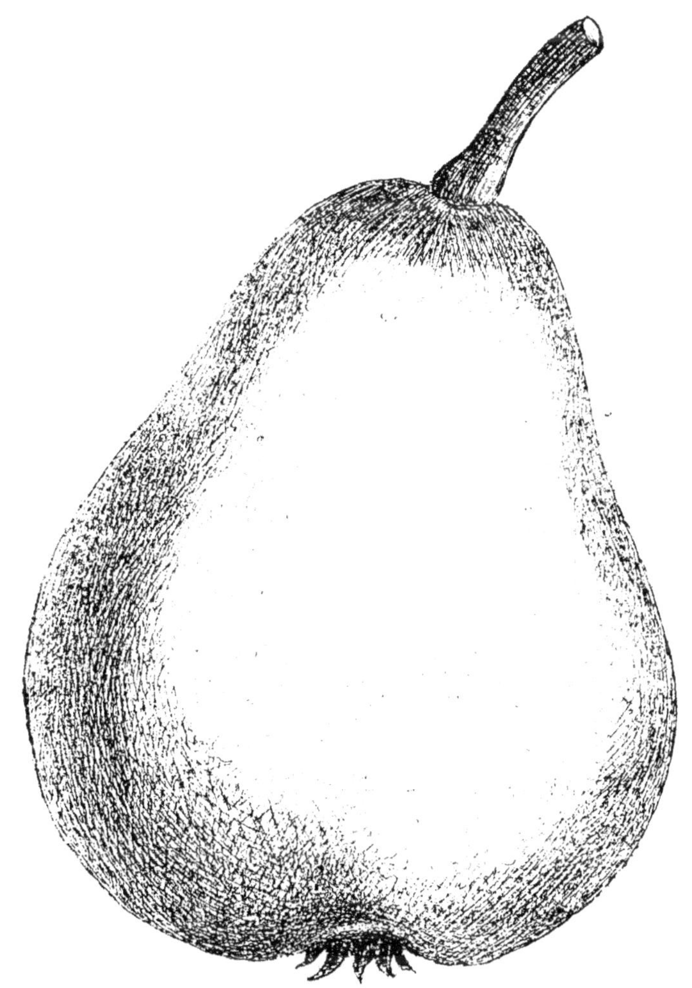

Nec plus Meuris.

NEC PLUS MEURIS.

Tout contribue à faire apprécier cette variété comme elle le mérite : excellent et beau fruit, arbre vigoureux, régulier et fertile, voilà, en résumé, ses qualités.

Le Nec plus Meuris se prête à toutes les formes : cordons, fuseau, pyramide, palmettes et candelabres ; il va encore en haute tige dans les endroits abrités. Partout il donne d'excellents fruits très juteux, agréablement parfumés, à chair fine et fondante. Les fruits cueillis en plein vent ont la peau généralement d'un vert pâle uni ; ceux qu'on récolte en espalier ont la peau colorée de rouge du côté ensoleillé.

L'arbre prend bien sur franc et sur cognassier. Le fruit mûrit parfois dès le mois de novembre, mais on peut le conserver sans peine jusqu'en décembre.

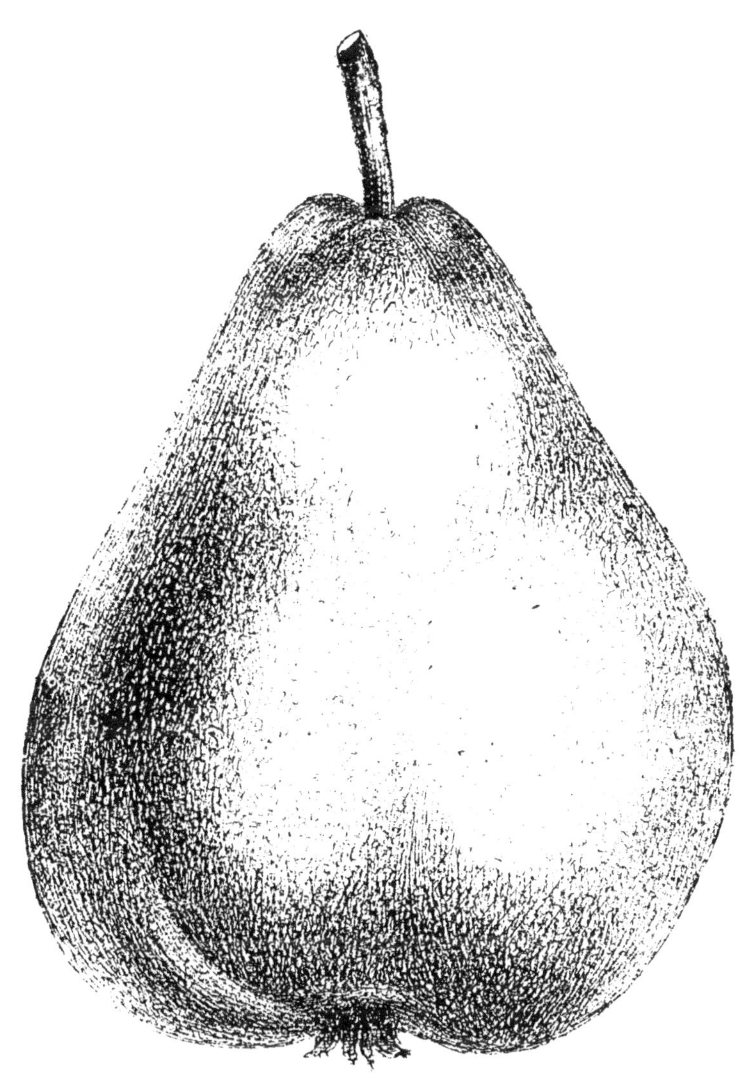

25me Anniversaire de Léopold Ier.

25me ANNIVERSAIRE DE LÉOPOLD Ier.

Les *Annales de Pomologie belge et étrangère*, publiées par la Commission royale de pomologie, disent que cette variété doit être classée parmi les meilleures poires dont la maturité a lieu en novembre et décembre.

La coïncidence de son premier rapport avec les fêtes nationales, par lesquelles la Belgique entière a célébré le 25me anniversaire du règne de son Roi bien-aimé, a engagé l'obtenteur, M. Grégoire, à donner à cette poire un nom qui rappelât à l'horti-culture belge cette époque mémorable dans l'histoire du pays.

Le fruit est gros, presque pyriforme. La peau est verte, lavée de rouge foncé avec macules noires et brunes ; elle devient jaunâtre par la suite. La chair est blanche, fine, beurrée, très juteuse, sucrée, avec un parfum délicat, de première qualité.

La croissance naturelle de l'arbre est vigoureuse, de forme pyramidale et se prête à toutes les formes pour jardin, sur cognassier et sur franc.

Duchesse d'Angoulême.

DUCHESSE D'ANGOULÊME.

Voici un fruit superbe : — il est fâcheux qu'il ne soit pas meilleur. Il est cependant généralement bon. C'est la poire populaire des Français ; elle n'est pas dédaignée non plus dans notre pays. La Duchesse d'Angoulême mérite une place dans nos jardins parce qu'elle va bien en pyramide, en fuseau, en espalier et en contre-espalier. Que les arbres en soient greffés sur franc de semis ou sur cognassier, ils sont toujours d'une bonne vigueur, de port régulier et de fertilité constante.

C'est une magnifique poire de dessert ; seulement, elle est trop grosse pour qu'on puisse songer — si ce n'est dans des cas exceptionnels — à l'élever en haut vent dans nos vergers.

Ce beau fruit, ventru, obtus, cache sous sa peau verte une chair fondante presque fine, d'autant plus sucrée qu'elle a été cultivée dans un terrain chaud, sablonneux, calcaire ou schisteux. Elle perd de sa saveur dans les terrains argileux et froids. Cette poire peut mûrir dès le mois d'octobre, mais on la conserve parfaitement jusqu'en novembre et décembre.

Comte de Flandre.

COMTE DE FLANDRE.

MM. Bouvier et Van Mons, deux amateurs distingués et bien connus, ont dédié cette variété exquise à S. A. R. Mgr le Comte de Flandre. Elle peut être rangée parmi les meilleures poires pour jardin et mérite bien cet auguste patronage.

Le fruit est gros, pyriforme, un peu bosselé. Il tient de l'ampleur du Beurré Diel. La peau est d'un vert grisâtre, presque rude, jaunissant légèrement à la maturité.

La chair est blanche, bien fine, beurrée, très juteuse, sucrée et d'une saveur agréable qui tient du Passe-Colmar.

L'arbre est de vigueur moyenne et de bon port en pyramide; il préfère être greffé sur poirier de semis. Il convient aussi en espalier à l'exposition du levant et même du couchant. Il ne pourra être greffé sur cognassier que pour les formes restreintes.

La maturité en a lieu en décembre et se prolonge jusqu'en janvier.

Bon Chrétien Napoléon.

BON CHRÉTIEN NAPOLÉON

Beurré Liard, Beurré Napoléon.

Ce n'est pas un fruit d'apparat, mais bien un des meilleurs qu'on puisse cultiver dans les jardins fruitiers. Le pomologue Du Mortier, qui en est très enthousiaste, dit que sa chair est si fondante, si fine et si juteuse qu'on peut avec elle, comme avec la pastèque, boire, manger et... se faire la barbe.

Un Belge, le jardinier Liard, qui a découvert cette bonne variété, lui avait donné le nom de Beurré Liard. C'était son droit. Mais on se demande pourquoi, plus tard, on lui a donné le nom de Bon Chrétien Napoléon et de Beurré Napoléon, noms sous lesquels cette bonne variété est le plus généralement connue?...

L'arbre, n'étant pas vigoureux, ne peut convenir pour la culture en verger. Il va très bien en pyramide, en fuseau, en buisson, ainsi qu'en espalier et en contre-espalier. Il se porte le mieux sur franc de semis.

Comme le montre notre gravure, c'est un fruit pyriforme obtus, de grosseur moyenne; sa peau est vert clair tachetée de roux, passant au jaune pâle à la maturité, qui a lieu en novembre, décembre et janvier.

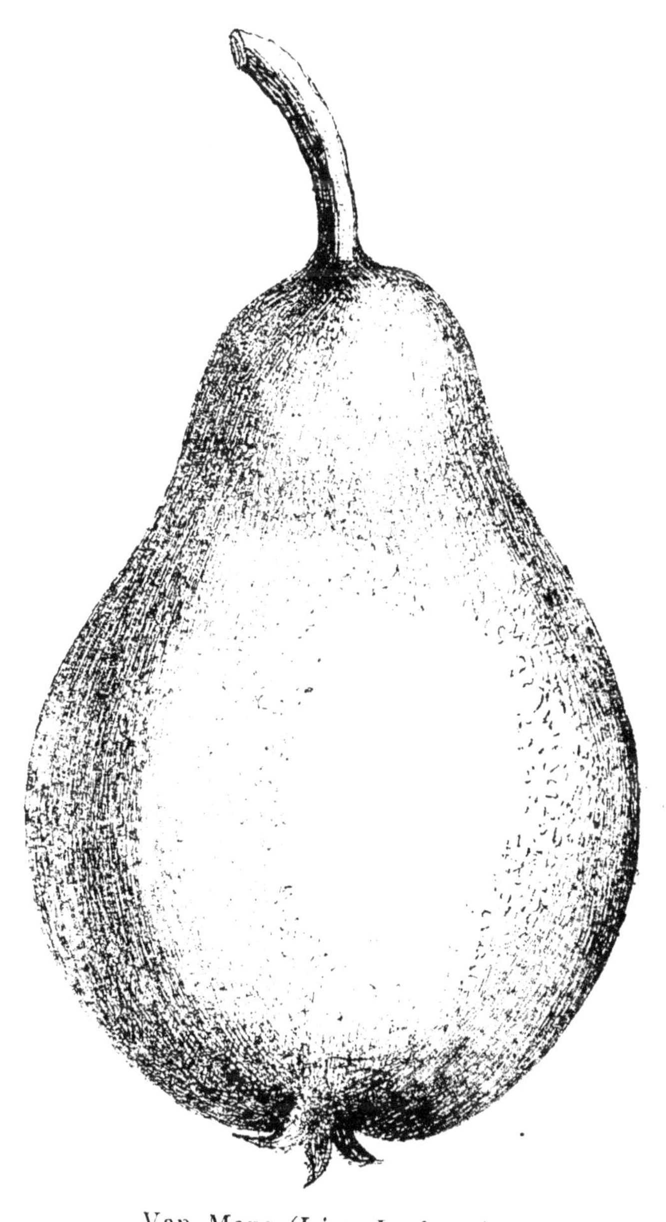

Van Mons (Léon Leclercq).

VAN MONS

(Léon Leclercq).

Cette variété porte le nom d'un de nos plus célèbres pomologues.

C'est une excellente poire, allongée, presque cylindrique, d'un beau volume, à peau verte parsemée de taches brunâtres. La chair, un peu jaune, est délicieuse, fine, fondante, très juteuse et sucrée avec un parfum agréable.

La culture de l'arbre nécessite quelques soins particuliers : il ne va pas sur cognassier ; on utilise la greffe intermédiaire comme nous l'avons indiqué pour le Beurré Bosc, mais la greffe sur franc de semis lui convient le mieux. En ce cas, on parvient à en faire de bonnes pyramides, des fuseaux, des espaliers et des contre-espaliers. Il suffit de veiller à la bonne direction des branches charpentières. La variété mérite bien ces quelques soins. Elle mûrit fin d'automne jusqu'en janvier.

Alexandre Lambré.

ALEXANDRE LAMBRÉ.

Cette variété figurera toujours parmi les meilleures poires aux concours pomologiques. Elle n'est que de moyenne grosseur, mais d'un aspect très appétissant ; sa peau lisse, d'un vert clair passant au jaune d'or, avec quelques points de roux fauve, cache une chair blanche, fine, fondante, délicieusement sucrée et parfumée.

On peut la greffer avec un égal succès sur cognassier et sur poirier franc de semis.

Il n'y a pas d'arbre qui se prête mieux à la culture en pyramide, parce qu'il a le port parfaitement régulier. Il se prête bien aussi à la culture en fuseau, buisson, espalier et contre-espalier.

C'est un arbre vigoureux de sa nature ; il est en même temps très fertile. On en fait de belles hautes tiges pour verger. La maturité a lieu en décembre-janvier.

Beurre Diel.

BEURRÉ DIEL.

Ce qui prouve le plus en faveur de cette variété, c'est qu'elle porte une foule de noms, tels que Beurré magnifique, Beurré incomparable, Beurré royal : ces noms disent suffisamment combien ce fruit est estimé. Le Beurré Diel est encore appelé Beurré des Trois Tours (Drij Toren) : — c'est le nom d'une ferme des environs de Bruxelles où cette variété a été trouvée (pied-mère) par Meuris, le jardinier de Van Mons.

Comme le montre notre gravure, le fruit est gros et magnifique; la peau est verte, finement tachetée et finit par prendre une belle teinte jaune foncé au moment de la maturité, qui a lieu dès novembre.

La chair est blanche, beurrée, fine, très séveuse, sucrée, et d'autant meilleure que l'arbre se trouve bien exposé, mais surtout dans un terrain qui n'est ni trop argileux, ni trop froid.

L'arbre est fertile ; il pousse avec une égale vigueur sur poirier franc et sur cognassier, mais le port en est quelque peu irrégulier. On parvient cependant à en faire des pyramides, des fuseaux, etc., mais l'espalier lui convient le mieux parce qu'il a les fleurs assez sensibles.

Quoique ce fruit mûrisse dès novembre, il est cependant possible de le conserver jusqu'à la fin de décembre et même jusqu'en janvier.

Zéphirin Grégoire.

ZÉPHIRIN GRÉGOIRE.

Cette précieuse variété, par suite de ses nombreuses qualités, mériterait d'être connue davantage. Elle est due aux semis de M. Grégoire.

Le fruit, il est vrai, n'est pas gros; mais, par contre, il est des plus exquis. Sous son épiderme lisse et luisant, d'un vert clair, se cache une chair blanche, fine, fondante, beurrée, très juteuse et des plus agréablement parfumée.

On le greffe, sans difficulté de reprise, sur franc de semis et sur cognassier.

L'arbre végète vigoureusement et se comporte bien en pyramide, en contre-espalier et en espalier aux murs exposés au levant et au couchant.

Cette poire mûrit depuis le mois de novembre et successivement jusqu'en février.

Beurré Clairgeau.

BEURRÉ CLAIRGEAU.

Ceci est encore une magnifique poire de dessert.

Elle est toujours belle, séduisante même comme aspect, avec son épiderme d'un beau rouge. C'est, de plus, un fruit très gros, allongé et bien fait. Seulement, ce n'est pas la meilleure, pas même une de nos meilleures poires ! Cependant, dans un terrain chaud, sablonneux, calcaire ou schisteux, sa chair devient fine, succulente, très juteuse et se parfume même un peu. Ce n'est que dans les terrains froids et humides qu'elle n'offre pas toutes les qualités désirables.

L'amateur de fruits peut hardiment admettre cette variété dans sa collection, mais il aura soin de la placer de préférence en espalier à bonne exposition. Il est cependant possible d'avoir des résultats réguliers en la cultivant aussi sous forme de pyramide et de fuseau, qui présentent toujours une belle végétation et un beau port.

Le Beurré Clairgeau va bien sur franc de semis et mal sur cognassier.

Ce beau beurré mûrit à la fin d'automne, commencement de l'hiver.

Triomphe de Jodoigne.

TRIOMPHE DE JODOIGNE.

Encore un fruit de toute beauté, très gros, à peau fine d'un beau vert clair, qui passe au jaune citron vers la maturité. La chair en est blanche, fondante, très juteuse et fort agréablement parfumée.

L'arbre est excessivement vigoureux, surtout sur franc de semis; il convient spécialement à la culture en haut vent pour verger; il est moins vigoureux sur cognassier et peut convenir à l'occasion à la culture en pyramide et en fuseau. On en fait aussi des espaliers.

Il est bon de planter cette variété dans un sol qui ne soit ni trop froid, ni trop humide. Les fruits sont d'autant meilleurs que les arbres se trouvent plantés dans un terrain de consistance ordinaire, c'est-à-dire pas trop argileux, dont on doit toujours modifier la nature trop compacte.

La maturité a lieu en novembre-décembre et le fruit se conserve jusqu'en janvier.

Beurré Six.

BEURRÉ SIX.

Le Beurré Six est un fruit passablement gros, presque pyriforme, tout en étant irrégulier, très bosselé, un peu ventru : la peau en est fine, d'un vert tendre passant au jaune à la maturité. La chair est d'un blanc verdâtre, fine, fondante, très séveuse, sucrée tout en étant un peu acidulée, avec un parfum délicat.

L'arbre est de vigueur moyenne, même sur franc de semis ; il reste faible sur cognassier. Il est donc préférable de planter dans nos jardins des Beurré Six greffés sur franc et, dans ces conditions, on en fait des arbres très fertiles, qui se prêtent fort bien à la forme en pyramide, en fuseau, en buisson, ainsi qu'en espalier et en contre-espalier.

C'est, en somme, une excellente poire d'hiver, qui mûrit dès novembre tout en se conservant jusqu'en janvier.

Belle Épine du Mas.

BELLE ÉPINE DU MAS.

Cette variété n'est encore connue que par les amateurs de bons fruits, mais elle ne peut que bien faire son chemin, car plus elle sera généralisée et plus elle sera estimée. Elle a pour cela toutes les qualités désirables : elle s'accommode bien sur cognassier et sur franc ; toutes les formes lui conviennent : pyramide, fuseau, espalier et même le haut vent. La chair est un peu jaunâtre, fine, fondante, très succulente et juteuse avec un parfum délicat. L'arbre est toujours fertile et de bonne vigueur.

Le fruit est moyen, allongé : l'épiderme est lisse, même luisant, de couleur vert tendre tachetée de brun, un peu coloré de carmin du côté frappé par le soleil, devenant jaune citron à la maturité, qui a lieu en novembre et décembre. Les poires de la Belle Épine du Mas peuvent se conserver jusqu'en janvier.

On l'appelle encore Colmar du Lot et Duc de Bordeaux.

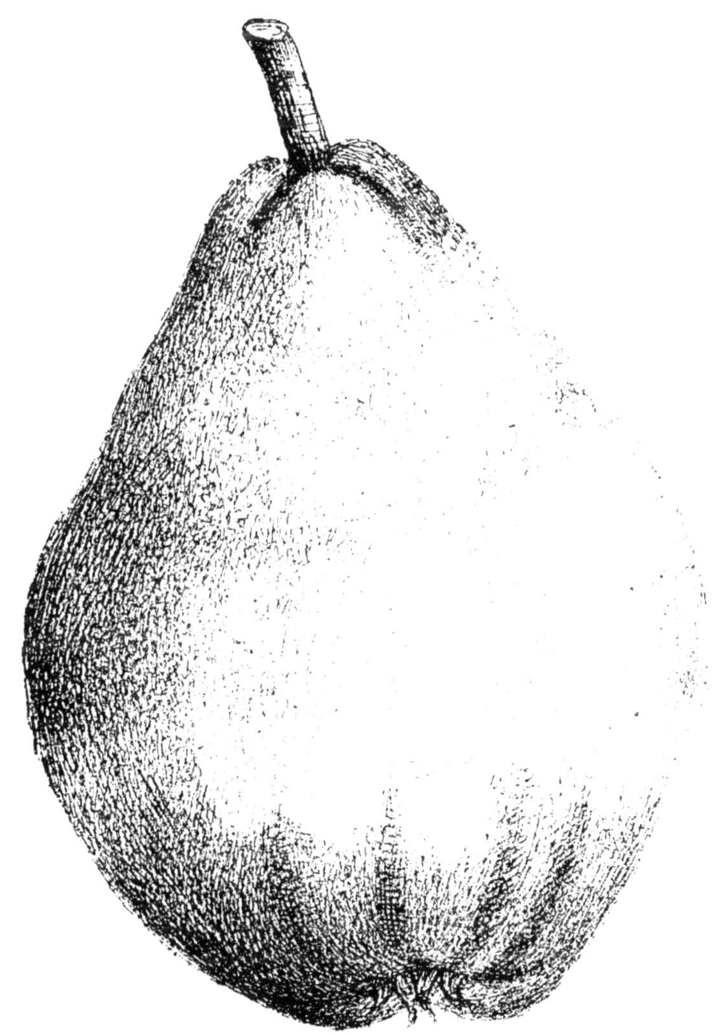

Besy de Chaumontel.

BESY DE CHAUMONTEL.

C'est l'ancienne variété, dont le nom tout au moins est connu par tout le monde. On la rencontre dans presque tous les vieux jardins.

Le fruit est assez gros sur haut vent et en pyramide, mais il gagne en volume sur espalier.

La forme du fruit, quoique variable, se rapproche toujours du type que notre gravure reproduit. L'épiderme est jaune citron, lavé de rouge-brun. La chair est jaunâtre, ferme, juteuse, bien sucrée et parfumée.

L'arbre est de bonne vigueur et fertile, mais le port en est irrégulier. On n'en saurait faire de belles pyramides, mais on en fait, par contre, de bons arbres palissés et à haut vent, de préférence sur franc et en sol riche.

Cette poire mûrit au commencement de l'hiver.

Passe Colmar.

PASSE COLMAR.

Nous nous plaisons à répéter ici de cette variété
ce que nous en avons dit dans notre livre *Les
Fruits de choix* : « Le Passe Colmar est un type
auquel on compare habituellement les fruits moder-
nes les plus vantés : dire qu'une poire nouvelle
l'égale en mérite, ou à peu près, c'est en faire
l'éloge. »

Le Passe Colmar n'est pas seulement un fruit
délicieux, succulent, dont la chair jaunâtre est
sucrée, vineuse, d'un parfum agréable, mais c'est
encore une belle poire de dessert, dont la peau vert
clair se colore d'un peu de rouge du côté du soleil,
jaunissant beaucoup à sa maturité, qui a lieu depuis
décembre jusqu'en février.

Il est vigoureux et fertile et prospère bien sur
franc et sur cognassier. Il faut le placer de préférence en espalier au midi et au levant. Dans
un jardin abrité, le Passe Colmar peut se cultiver
sous forme de pyramide, mais ce n'est pas une
variété à cultiver en haut vent.

Il importe de ne pas confondre le Passe Colmar
avec le Colmar d'Arenberg, qui ne prend pas sur
cognassier, mais est également une bonne poire.

Beurré d'Hardenpont.

BEURRÉ D'HARDENPONT.

Cette poire exquise est un triomphe belge dû, il y a cent ans, à M. d'Hardenpont, prêtre à Mons, un pomologue sérieux, habile et heureux. On lui avait donné, en France, le nom de Beurré d'Arenberg, ce qui était bien injuste.

C'est la variété par excellence pour être cultivée en espalier au midi et au levant, où elle rend généreusement en belles et bonnes poires tous les soins de culture qu'on lui a donnés. On peut, à la rigueur, cultiver le Beurré d'Hardenpont en pyramide et fuseau, mais le jardin doit être, en ce cas, bien abrité. La vigueur en est bonne et la végétation régulière sur cognassier comme sur franc.

C'est un gros fruit, long, obtus aux bouts, ventru, bosselé, devenant d'un beau jaune au moment de la maturité. La chair en est extra-fine, délicieuse, sucrée et parfumée.

Le fruit mûrit en janvier et se garde assez tard en hiver.

Beurré de Luçon.

BEURRÉ DE LUÇON.

Bon fruit d'hiver, excellente poire d'approvisionnement, dont la culture est des plus recommandables.

Le fruit est gros, assez irrégulier, ventru, obtus ; la peau bronzée, lisse, renferme une chair assez fine, fondante, sucrée avec un petit goût acidulé, agréablement parfumée.

L'arbre forme de belles pyramides, qui doivent être plantées dans les endroits les mieux abrités du jardin. Il va encore mieux en contre-espalier et en espalier au levant et au midi. Il veut être greffé sur poirier franc de semis ou bien sur greffe intermédiaire, ainsi qu'il est dit pour la poire Van Mons. Il ne végète que médiocrement quand il se trouve directement greffé sur cognassier.

La maturité a lieu en janvier.

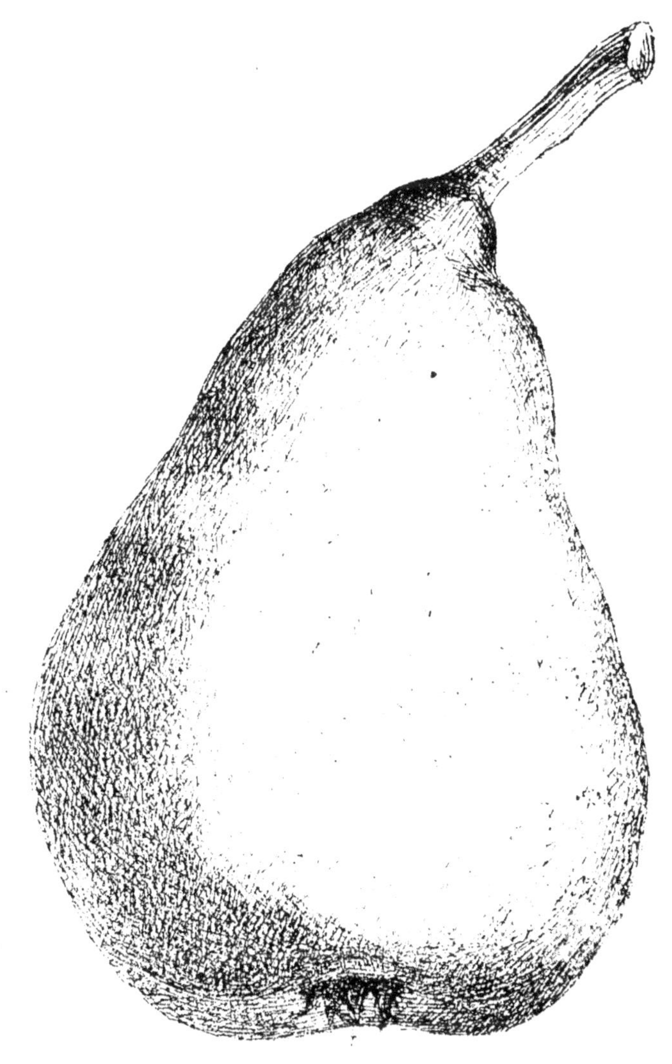

Nouvelle Fulvie.

NOUVELLE FULVIE.

La Nouvelle Fulvie est généralement très estimée, et ce à juste titre; malheureusement, il n'est guère possible d'en obtenir des arbres qui se laissent bien conduire.

L'arbre est de bonne vigueur, sain et fertile, mais d'un mauvais port en pyramide; il n'est propre qu'à l'espalier, au contre-espalier et au fuseau, de préférence toujours sur franc.

La Nouvelle Fulvie est un beau fruit, gros, allongé, bosselé, jaune d'or recouvert de fauve et lavé de vermillon. Sa chair est très fine, fondante, juteuse, sucrée et richement aromatisée.

Cet excellent fruit tardif a été gagné encore par notre compatriote M. Grégoire, le pomologue bien regretté.

La maturité a lieu en janvier.

Olivier de Serres.

OLIVIER DE SERRES.

Voici l'une des meilleures poires de fin d'hiver.

Cette variété a été découverte, il y a une quarantaine d'années, à Rouen (France); elle n'est pas assez connue et mérite une plus sérieuse propagation.

Le fruit est gros, de forme pomme, vert pâle d'abord, devenant jaune citron, un peu bronzé taché de rouille, à chair fine, bien fondante, juteuse, sucrée et délicieusement parfumée.

L'arbre est de bonne vigueur sur franc et sur cognassier. Il est fertile et donne de beaux produits en espalier aux murs exposés au levant et au midi. Il se laisse encore conduire en contre-espalier, en pyramide et en fuseau, à condition qu'il soit planté en dehors des vents froids.

Ce fruit mûrit en février.

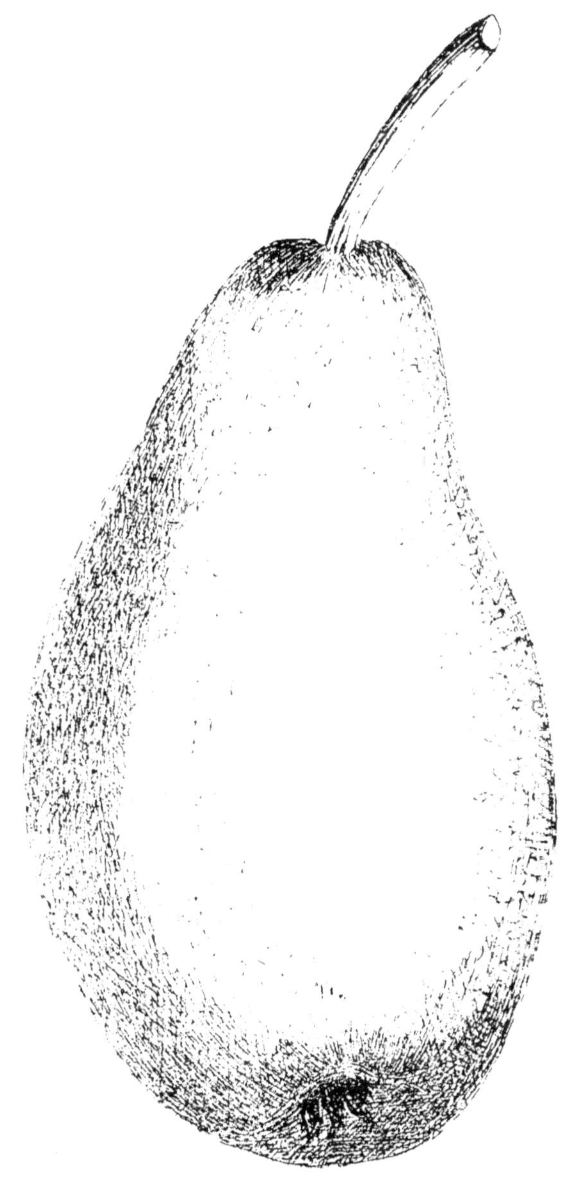

Saint Germain d'Hiver.

SAINT GERMAIN D'HIVER.

Ceci est une variété délicate, qui exige partout, dans notre pays, la culture en espalier le long d'un mur exposé soit au levant, soit au midi ; elle ne réussit que rarement en plein vent. Mais le Saint Germain d'Hiver a, par contre, d'autres mérites incontestables : le fruit est de qualité exquise, à chair blanc verdâtre, sucrée et agréablement acidulée. Il est, avec cela, d'une très longue conservation ; même à l'état de maturité, il a la particularité de ne jamais mollir et de ne se gâter qu'exceptionnellement dans le fruitier.

Nous n'avons jamais vu réussir cette variété en pyramide : les fruits se gercent, pourrissent et tombent ; mais nous en avons vu les meilleurs résultats sur palmette exposée au soleil.

La maturité a lieu en février.

Joséphine de Malines.

JOSÉPHINE DE MALINES.

Le major Esperen, un grand amateur, obtint ce fruit en 1830 et le dédia à son épouse, Mme Joséphine Esperen.

Le fruit n'est pas gros, un peu turbiné, se terminant en pointe vers le pédoncule. La peau en est verte et devient jaune citron à la maturité.

La chair est d'une finesse presque sans égale, rosée et d'un beau jaune saumon au centre ; juteuse, délicieusement sucrée avec un parfum que l'on pourrait comparer à l'odeur de la rose et de la violette.

Malheureusement, la croissance naturelle de l'arbre n'est pas tout ce que nous désirerions : sa vigueur est moyenne, même sur franc. et le port en est presque irrégulier ; aussi, ne parvient-on qu'avec baucoup de soins à en faire de bonnes pyramides. On en fait aussi des fuseaux et des buissons, parfois même des arbres pour haut vent dans les endroits abrités. C'est surtout une variété précieuse à mettre aux murs exposés au levant et au midi.

La Joséphine de Malines mûrit en février.

Passe Crassane.

PASSE CRASSANE.

La **Passe Crassane** est une variété tardive par excellence. Elle a une place tout indiquée dans nos jardins.

Le fruit est moyen et arrondi comme une pomme; souvent plus large que haut, vert clair devenant vert jaune à la maturité, lavé de taches rousses.

La chair est fine, fondante, sucrée, succulente avec un petit goût acidulé délicat.

Elle offre de plus cet avantage de nous procurer des poires tardives, qui mûrissent en février et mars.

La croissance naturelle de l'arbre est vigoureuse, surtout sur franc de semis; on la greffe aussi avec succès sur cognassier.

La meilleure culture est en espalier, au levant et au midi; mais on en fait aussi de bonnes pyramides, de beaux fuseaux, des buissons et des contre-espaliers, pourvu qu'ils soient plantés dans un sol qui ne soit pas trop froid et qu'ils se trouvent à l'abri des courants froids.

Beurré Sterckmans.

BEURRÉ STERCKMANS.

Cette variété s'appelle encore en France Doyenné Sterckmans.

C'est une belle poire de forme et de couleur : de grosseur moyenne, pyriforme, ventrue ; l'épiderme est lisse, vert clair, qui passe au jaune d'or à la maturité. Cette poire est encore très colorée de rouge vif du côté du soleil.

C'est aussi une de nos meilleures poires : la chair est blanche, fine et demi ferme, mais très juteuse, sucrée, vineuse, bien agréablement parfumée.

On la greffe avec succès sur cognassier et sur franc de semis.

L'arbre se prête bien à la culture en pyramide, fuseau, buisson, en contre-espalier et en espalier au levant et au midi. On peut aussi le cultiver en haut vent.

Le Beurré Sterckmans est une bonne poire d'hiver, qui mûrit en février.

Doyenné d'Hiver.

DOYENNÉ D'HIVER

ou Bergamote de Pentecôte.

Cette admirable variété aurait été obtenue, selon le pomologue Van Mons, dans le jardin de l'Université de Louvain. On lui avait donné le nom convenable de Bergamote de Pentecôte. C'est Hervy, un pomologue français, qui lui donna le nom de Doyenné d'hiver, et c'est sous cette dénomination qu'elle est le plus connue.

C'est une des poires les plus estimées pour son aspect, sa bonne chair et sa longue conservation durant l'hiver. Le fruit est gros, presque arrondi, trapu, un peu bosselé, à peau verte, rugueuse qui jaunit à la maturité, à chair blanche, fine, beurrée; son eau, peu abondante, est sucrée, légèrement acidulée, agréablement parfumée.

Il est regrettable que ce précieux fruit exige plus de soins de culture que la plupart de nos autres variétés. Le Doyenné d'hiver va passablement en pyramide, en fuseau et en buisson, mais il lui faut une exposition abritée avec un sol fertile et chaud, si bien sur franc que sur cognassier. La meilleure place est cependant au levant et au midi en espalier. Il ne va pas en verger exposé en plein vent.

La maturité a lieu en mars.

Doyenné d'Alençon.

DOYENNÉ D'ALENÇON.

M. l'abbé Malassis, de Cussey (France), a découvert l'arbre-mère de cette précieuse variété tardive, qui est venu spontanément dans une haie d'une ferme.

C'est un beau fruit, ovale, ayant quelque ressemblance avec le Doyenné d'Hiver. La peau est vert clair pointillée de roux ; elle passe au jaune à la maturité.

La chair est blanc jaunâtre, fine, fondante, abondamment juteuse, sucrée et parfumée avec un peu d'acidulé.

L'arbre est d'une bonne vigueur et la végétation en est régulière. On le greffe sur franc et sur cognassier.

On en fait de belles pyramides, de jolis fuseaux et même des buissons, mais il faut les placer à l'abri des vents froids. Sa véritable place est aux murs exposés au levant et au midi.

C'est un des meilleurs fruits tardifs. Il mûrit en janvier-février et se conserve jusqu'en mars et avril.

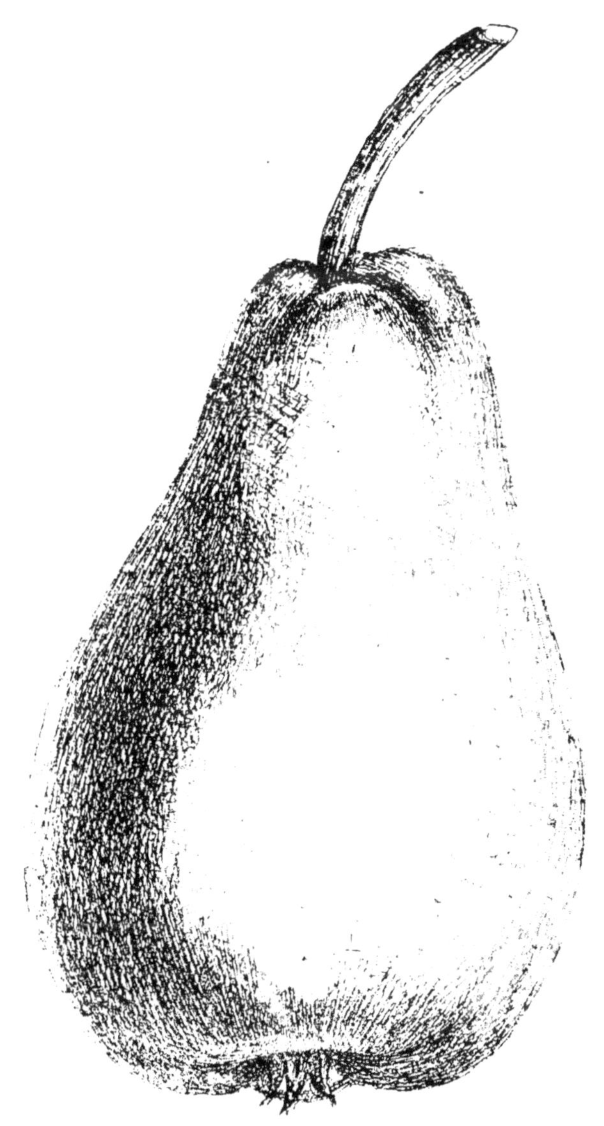

Beurré de Rance.

BEURRÉ DE RANCE.

Voici encore un fruit de premier ordre, découvert, en 1762, au village de Rance (Hainaut) par notre illustre pomologue, l'abbé d'Hardenpont.

C'est un beau fruit allongé, obtus aux deux extrémités ; à peau d'un vert très foncé devenant vert jaunâtre à la maturité, qui a lieu de mars à mai.

La chair est blanc verdâtre, fine, de qualité variable cependant selon le sol et l'exposition ; dans un bon terrain, fertile et chaud, à exposition du levant ou au midi, on pourra cueillir des poires Beurré de Rance de toute première qualité, sucrées, légèrement vineuses avec un parfum délicat. Dans ces conditions, on peut aussi cultiver le Beurré de Rance sous forme de pyramide. Les fruits en sont presque âpres dans les terrains très froids. On greffe de préférence cet arbre sur franc.

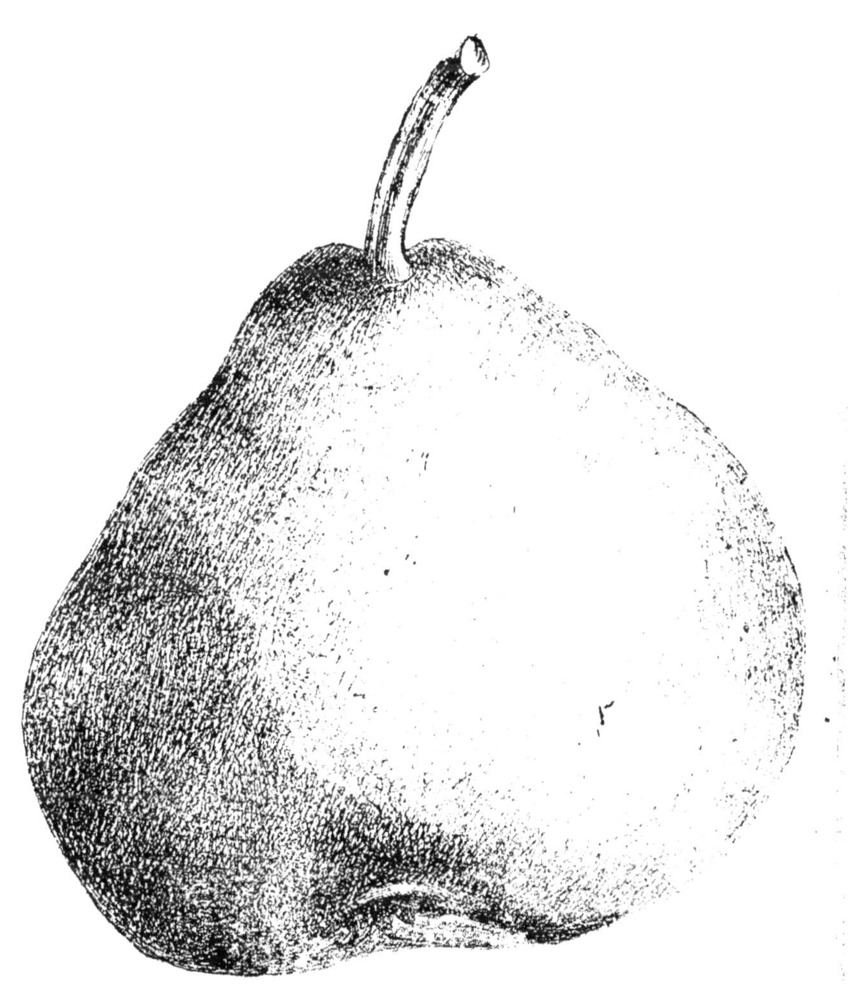

Catillac.

CATILLAC

ou Gros Gillot.

Voici une poire à cuire par excellence ; elle possède pour l'office et les conserves des qualités spéciales, fort estimées des ménagères. La chair crue est cassante et sans saveur ; mais, cuite au four, elle est moelleuse, sucrée, juteuse et — chose particulière — se colore d'un beau rouge sang.

Notre gravure en représente la forme, mais cette poire est généralement si grosse qu'en flamand on l'a surnommée *Pond Peer* (poire d'une livre) ; la peau en est jaune verdâtre.

L'arbre est fort vigoureux sur franc de semis. Il est très fertile, surtout à exposition abritée, mais son port est irrégulier, et ce n'est qu'avec des soins continus qu'on en fait des pyramides. On le cultive encore en haut vent, mais il est bon de le greffer en tête en ce cas sur greffe intermédiaire, dont le tronc est droit et vigoureux. Cette variété va moins sur cognassier et parait ne pas avoir assez de valeur pour être cultivée en espalier, où elle donne cependant des fruits superbes.

La maturité a lieu de mars à mai.

Bon Chrétien d'Hiver.

BON CHRÉTIEN D'HIVER.

Le Bon Chrétien d'Hiver est une variété qui, depuis de longues années, a toujours eu une grande réputation. Les riches amateurs des XVIIe et XVIIIe siècles cultivaient cette poire avec le plus grand soin. Si elle est moins estimée aujourd'hui, c'est qu'elle a de rudes concurrents dans nos variétés plus récentes; mais elle n'en mérite pas moins une place dans nos jardins.

C'est une poire d'apparat, un peu côtelée, presque de la forme d'un coing. La peau est rugueuse, d'un beau jaune citron et colorée de rouge au soleil.

Ce fruit, très estimé, surtout pour sa longue conservation, atteint en hiver une certaine valeur, plus comme ornement de table que pour la qualité de sa chair, qui est cependant d'une saveur sucrée, parfumée, un peu ferme et cassante. C'est une bonne poire à cuire.

Bien que ce ne soit pas un arbre à port régulier, on parvient cependant à en faire des pyramides, qui sont fertiles lorsqu'elles sont plantées à l'abri des grands courants froids. La meilleure place est néanmoins en espalier au levant et au midi.

Le Bon Chrétien d'Hiver mûrit de mars à mai.

Bergamote d'Esperen.

BERGAMOTE D'ESPEREN.

La Bergamote d'Esperen est une poire dont on fait beaucoup de cas, — il est vrai qu'il y a pour cela de bonnes raisons : — elle est de longue conservation, tout en étant de première qualité ; l'arbre est vigoureux, de bon port et fertile, même en pyramide. Voilà certes des qualités qu'on ne trouve réunies que fort rarement chez nos variétés de poires !

Le fruit est moyen, voire assez gros, arrondi et un peu ventru ; la peau rugueuse, vert sombre, devient vert jaunâtre ; elle est assez bien colorée de rouge au soleil.

La chair est très fine, rosâtre par nuances, bien fondante avec beaucoup de sève sucrée.

On a tout intérêt à cultiver cette variété en espalier ; elle vient également bien en contre-espalier, en pyramide et même en haut vent dans les endroits abrités. On peut la greffer sur cognassier et sur franc de semis.

La Bergamote d'Esperen mûrit de mars à mai.

CONSIDÉRATIONS GÉNÉRALES

SUR LA

CULTURE DE NOS 50 VARIÉTÉS DE POIRES.

Très rustiques de leur nature, les 50 variétés de poiriers s'accommodent de la plupart des situations, pour autant toutefois que le planteur ait soin de bien se conformer à nos instructions.

Le poirier est très volontaire de sa nature par rapport aux terrains : il importe qu'ils ne soient pas trop humides ou trop compacts d'une façon permanente. Ce qui permet d'autant mieux de le planter dans des terrains de nature différente, c'est qu'on peut le greffer sur poirier *franc* (de semis), dont les racines sont en partie pivotantes et en partie traçantes, et sur *cognassier* (de bouture), dont les racines sont notamment traçantes.

Dans quels cas faut-il planter des poiriers greffés sur franc de semis et dans quels cas ceux greffés sur cognassier ?

On greffe sur franc (de semis) :

1° Les poiriers de verger et les hauts vents en général, destinés à prendre une grande envergure ;

2° Les espaliers à hautes tiges, ceux à basses tiges et les pyramides, pourvu que ces arbres soient destinés à occuper des places spacieuses ;

3° Certaines variétés de poiriers, que nous avons fait connaître lors de la description de chacune d'elles, qui ne viennent que médiocrement sur cognassier.

En somme, les poiriers greffés sur franc de semis deviennent des spécimens robustes, vigoureux, de longue durée, tant pour verger que pour jardin, même dans les terres siliceuses, caillouteuses et légères, à défaut de terres franches, à la condition que le sous-sol ne soit pas imperméable ou, tout au moins, qu'il soit rendu perméable.

On greffe sur cognassier (de bouture) :

1° Les poiriers pour les petites et les moyennes formes d'espaliers et de contre-espaliers ;

2° Toutes les variétés qui ne manquent pas de vigueur sur cognassier et destinées à la culture en petites pyramides, en petits fuseaux, en buissons ou

en toute autre forme restreinte de plate-bande, surtout lorsqu'on a à planter dans une terre franche
et fertile.

En général, les poiriers greffés sur cognassier
fructifient plus vite, mais s'épuisent beaucoup plus
rapidement que ceux greffés sur franc.

Quant aux variétés de poiriers qui ne viennent
que médiocrement sur cognassier, voici comment
nous nous y prenons dans nos pépinières : nous
greffons sur cognassier le Double Philippe, qui
devient superbe ; puis cette variété est regreffée, à
son tour, avec ces sortes de variétés qui ne se
plaisent pas directement sur cognassier : — le
Double Philippe sert donc d'intermédiaire.

DE LA PLANTATION.

Préparation du sol. Cette opération peut, selon les circonstances, s'effectuer suivant trois procédés :

Le premier procédé est surtout employé lorsqu'il s'agit de la création entière d'un jardin fruitier ou de plantations complètes à des distances rapprochées en tous sens. Il consiste en un défoncement général sur toute l'étendue du terrain.

Le second procédé s'applique plus spécialement aux plantations en lignes de petites formes rapprochées, soit en espalier ou en contre-espalier. Dans ce cas, on ouvre des tranchées de 1^{m}00 environ de largeur en suivant le sens des lignes à planter.

Le troisième procédé est seul usité pour les plantations isolées ou à grandes distances. Il suffit de creuser des trous de 1^{m}50 à 2^{m}00 en tous sens.

Quel que soit le procédé employé, la *profondeur* à donner au défoncement varie entre 0^{m}50 et 0^{m}80, suivant qu'on a à planter des arbres nains ou à plus grand développement.

Dans les terrains humides ou à sous-sol imperméable, *un drainage est indispensable* pour l'évacuation des eaux en surabondance dans le sol, sinon les racines périraient inévitablement au contact de ces eaux devenues stagnantes.

Le drainage, qu'il soit formé de tuyaux ou de graviers, devra être établi de façon à ne pas entraver la croissance des racines.

On peut aussi profiter du défoncement pour mélanger au sol, et surtout dans les couches inférieures, *des matières à décomposition lente*, telles que gazon, curures de mares et fossés ou autres débris végétaux et animaux que les racines s'assimileront à la longue. Il en sera de même dans le cas d'un amendement par la marne, la chaux ou par un élément siliceux.

Ces additions n'excluent pas toutefois l'application au même moment *d'une bonne fumure, si le sol laisse à désirer comme fertilité*. Le fumier doit être employé à moitié décomposé; celui de vache sera préféré pour les terres légères et sèches, celui de mouton ou de cheval, plus chaud, pour les terres froides et compactes.

Soins à donner aux arbres à la réception.

Lorsque les arbres ont voyagé par un temps favorable et qu'ils arrivent en bon état, on peut soit les planter de suite à destination, soit les mettre en jauge d'attente en plein carré.

Si, contre toute prévision, une forte gelée est survenue pendant le trajet, on doit, à l'arrivée, déposer les ballots dans un local *à l'abri du froid*, où le dégel pourra s'effectuer assez lentement. Lorsqu'il sera complet, on pourra déballer les arbres pour les planter ou les mettre en jauge. Il peut arriver que les arbres soient fatigués par le voyage au point d'avoir l'écorce ridée sur la tige et sur les racines : *on ouvre alors des tranchées de 0ᵐ30 à 0ᵐ40 de profondeur*, au fond desquelles on les couche ; on les recouvre ensuite de 0ᵐ20 de terre et on arrose le tout très fortement. Quinze jours environ suffisent pour ramener les arbres à leur fraîcheur naturelle.

Opération proprement dite de la plantation.

L'époque favorable pour la plantation varie suivant la nature des terrains : *l'automne est préférable pour les terres légères et saines*, tandis qu'on peut attendre le printemps pour un sol froid et humide ; nous y avons cependant planté, avec succès, avant l'hiver.

On rafraîchit les racines blessées ou meurtries à l'arrachage ; cette opération devra toujours être faite à la serpette et sur une partie saine. Lorsque les racines sont un peu desséchées, il est bon de les tremper dans une bouillie claire de bouse de vache et de terre franche. Cette précaution produit un excellent résultat.

Pour la mise en place, on règle d'abord la hauteur à laquelle l'arbre doit être planté et son alignement (voir pages 135 et 136), en ayant soin de *maintenir la greffe à quelques centimètres au-dessus du sol*, afin d'éviter l'affranchissement. Remarquons, en passant, que l'arbre devra être légèrement enterré dans un sol sec, sablonneux et perméable.

Toutefois, notons-le bien, la plantation *en butte*

est généralement la meilleure, surtout quand il s'agit d'un terrain humide ; ces buttes doivent être larges et pas trop hautes.

On étale les racines en leur donnant une direction aussi normale que possible ; on les recouvre de bonne terre, que l'on fait circuler entre elles à l'aide d'une petite baguette. On tasse un peu le sol s'il est léger et on arrose s'il est trop sec.

Dans la plantation en espalier, l'arbre doit être incliné contre le mur, le collet distant de celui-ci de 0^m15, la plaie de la greffe tournée en dedans.

Une dernière précaution, très favorable à la réussite, consiste à faire autour du pied un bassin peu profond, que l'on garnit en couverture de fumier un peu consommé : le sol conserve ainsi sa fraîcheur en été et gagne en fertilité.

PLANTATION COMBINÉE.

Ce que l'on fait avec succès dans beaucoup de jardins, c'est planter alternativement des poiriers greffés sur franc O avec des poiriers greffés sur cognassier X.

Ceux-ci sont très précoces à se mettre à fruits et, lorsqu'ils sont épuisés par la production, vers la douzième ou la vingtième année de plantation, on les fait disparaître ; dès lors, les poiriers greffés sur franc pourront se déployer à l'aise pour donner cette abondance de fruits qu'on est en droit d'attendre de ces beaux arbres. Cette plantation en double est la culture intensive par excellence.

On peut placer ainsi des pyramides, des fuseaux et des buissons, et même des hautes tiges, qui devront donc être greffés alternativement les uns sur cognassier et les autres sur franc de semis.

CHOIX DE POIRIERS POUR HAUTES TIGES

CONVENANT SPÉCIALEMENT

à la plantation des vergers, dans les champs et les prairies.

FRUITS DE COMMERCE ET DE GRANDE PRODUCTION.

Nos 50 variétés de poires d'élite ne conviennent pas toutes à la culture en hautes tiges. Il ne faut planter dans les prairies et les champs que les sortes de poiriers dont la croissance est vigoureuse, saine, rustique et fertile, portant en abondance des poires commerciales, qui se laissent facilement transporter et qu'on paye un bon prix (1). Il faut, en outre, qu'on puisse les envoyer directement du verger au marché, et, sous ce rapport, on doit toujours donner la préférence à la plupart des poires qui mûrissent depuis août jusqu'en novembre (2).

(1) Cela s'applique également aux pommiers, aux pruniers et aux cerisiers en hautes tiges.

(2) Cela est vrai pour les poiriers, mais les variétés tardives réussissent également bien quand il s'agit de pommiers.

On commet souvent la grave erreur de planter dans un verger des poiriers dont les fruits ne mûrissent qu'en hiver et qui demandent plutôt la culture en espaliers, car, exposés en plein vent, les fleurs avortent pour la plupart et les fruits se gercent. Dans ces conditions, les meilleures sortes de poiriers tardifs ne produisent que rarement. De plus, nous avons toujours observé que les variétés d'été et d'automne produisent plus régulièrement *tous les ans* parce que, après la cueillette des fruits, la sève est suffisamment abondante encore pour nourrir les boutons à fruits de la récolte suivante.

Ne cultivons donc en haut vent que les variétés qui sont indiquées par OUI dans la colonne *Haut Vent*. (Voir le tableau à la page 13.) Ces variétés ont donné partout des preuves de belle vigueur, de rusticité et de fertilité.

———◆———

FORMATION ET CULTURE

POIRIERS POUR VERGER.

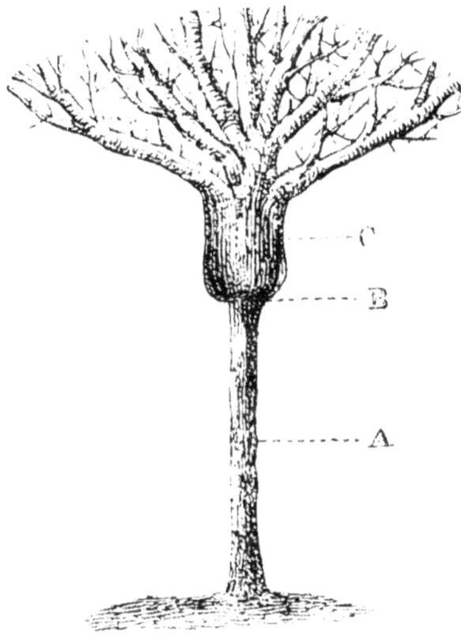

A indique le tronc sauvage greffé en tête, d'après l'ancien système.
B fait voir l'étranglement à l'endroit précis où la greffe s'unit à la tige.
C montre le bourrelet énorme qui résulte de cette funeste opération.

Autrefois, on arrachait à travers les bois et dans les haies des poiriers *sauvageons* qu'on greffait tant bien que mal en tête, à une hauteur de 2ᵐ00 à 2ᵐ50 ; ce système vicieux a encore quelques adeptes, quoique le temps et l'expérience l'aient complètement condamné, car quatre-vingts fois sur cent le tronc de ces poiriers reste disgracieux et mal équilibré. Le tronc de ces arbres devient plus gros vers

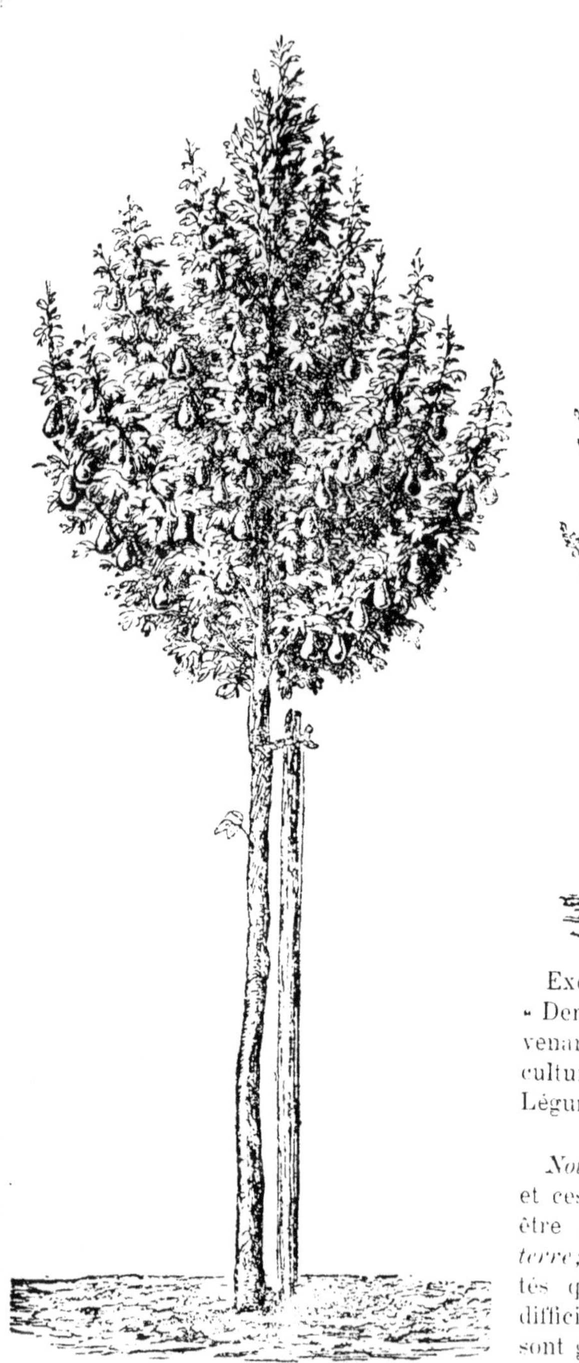

Exemple d'un poirier dit " Haute Tige „ ou
Haut Vent „ à planter dans les vergers, les
champs, les prairies et les drèves.

Exemple d'un poirier dit
" Demi Haut Vent „ con-
venant spécialement à la
culture mixte : Fruitière-
Légumière.

Nota. Ces hautes tiges
et ces demi-tiges doivent
être greffées *à fleur de
terre;* les quelques variétés qui ne forment que
difficilement un beau tronc
sont greffées *en tête* sur le
Beurré Hardy, dont la
croissance est exemplaire,
droite et vigoureuse.

le haut qu'au pied, donc tout le contraire de ce qu'il devrait être. Cela tient à ce que les variétés qu'on a greffées en tête sont beaucoup plus vigoureuses que le poirier sauvageon (porte-greffe), qui se prête moins au grossissement parce qu'il est de sa nature coriace, épineux et maigre.

Le meilleur système est celui que nous employons dans nos pépinières. Nous écussonnons les poiriers hauts vents à ras du sol sur le collet des racines du poirier (franc de semis). Nous obtenons ainsi des tiges droites, lisses, bien coniques et solides, qui résistent aux vents et à la charge d'une grande production de fruits, dont nous donnons deux exemples, page 131.

Pour la formation de la tige des hauts vents, voici comment nous opérons : nous écussonnons en août sur franc (de semis) — à fleur de terre — les variétés de poiriers qui se prêtent le mieux à ce genre de culture. Nous obtenons, au bout de quatre à cinq années, des sujets de 3^{m}00 de hauteur et plus, y compris la couronne, offrant successivement les grosseurs de tronc que voici :

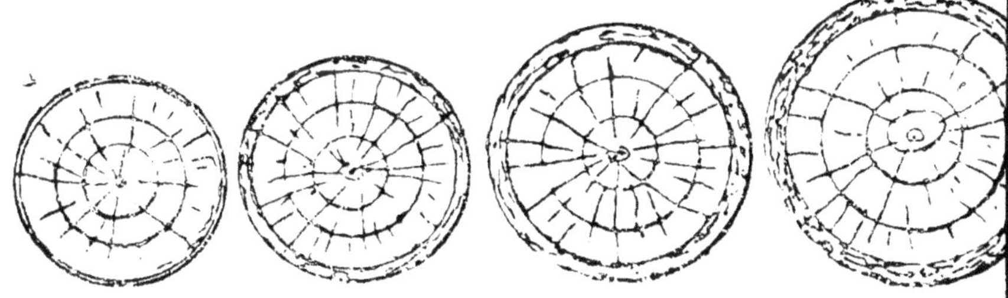

Durant la croissance de nos jeunes poiriers, nous veillons à ce que les troncs restent continuellement garnis de petites ramifications, dont les feuilles concourent si puissamment à l'accroissement en grosseur. Aussi, au lieu de poiriers frêles comme on en utilisait autrefois, on ne plante plus que des arbres bien bâtis, robustes et solidement charpentés.

Poirier à branches buissonnantes ou en boule.

Pour former la charpente de la couronne, on fait subir à l'arbre les coupes indiquées par les lettres *a* chez les poiriers se prêtant à la forme *vase* et *boule*, et s'il s'agit de faire la forme pyramidale, on fait les coupes en *a* et *b*, comme l'indiquent les figures ci-après :

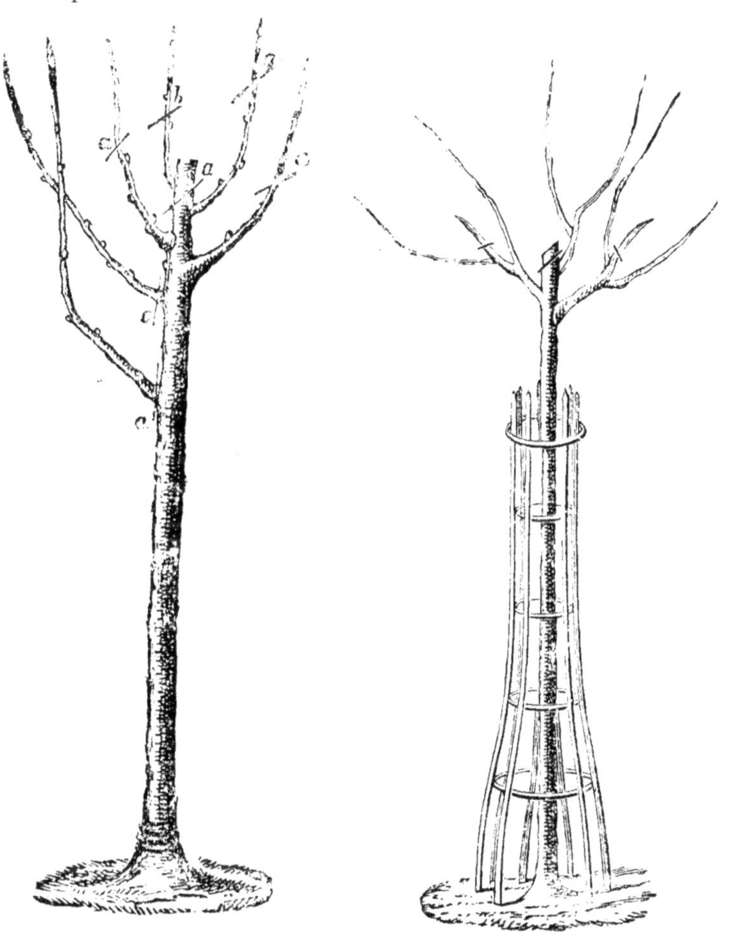

Formation
pour boule et pyramide.

Première charpente
pour tête en boule.

Dispositions des arbres dans les vergers.
Distances. — Entreplantations.

PLANTATION EN CARRÉS.

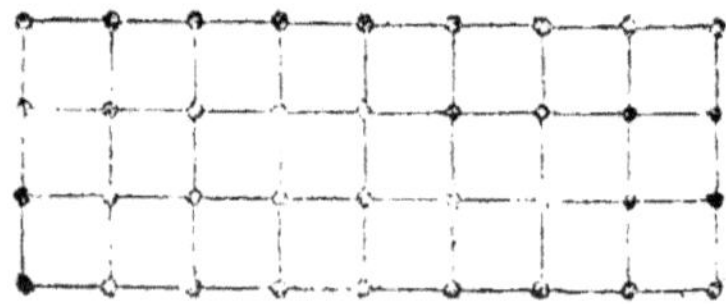

Cette figure représent un verger uniquement composé de poiriers. Il va de soi qu'on peut disposer de la même façon les pommiers, les pruniers, les cerisiers. La *plantation carrée* au moyen de poiriers hautes tiges se fait à 10^m00 environ de distance.

PLANTATION EN TRIANGLES ISOCÈLES OU QUINCONCES.

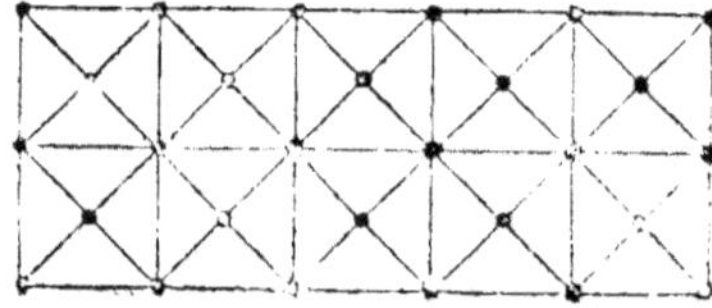

Quinconce dérive du mot latin *quincunx*, qui désigne le chiffre romain V. Les arbres qui occupent les triangles équilatéraux se trouvent à environ 10^m00 de distance, en tous sens.

PLANTATION EN ALLÉES.

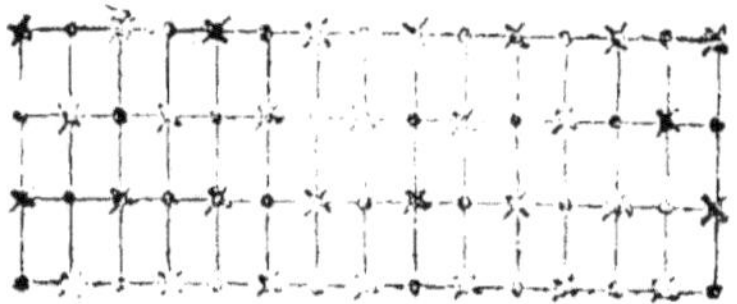

Voici une plantation composée de poiriers alternés de pruniers reines-claudiers, de cerisiers, etc. Dans ce cas, les poiriers devront être plantés à la distance de 13^m00. C'est la production intensive par excellence.

PLANTATION EN TRIANGLES ÉQUILATÉRAUX.

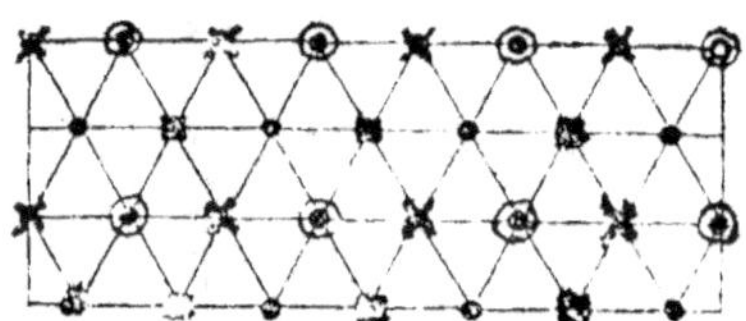

Ceci est un modèle de plantation combinée :
· repr. les poiriers à 13^m00.
⊛ — les pomm. à 13^m00.
▬ — les ceris. à 14^m00.
• — les prun. à 11^m00.

Nota. Les plantations en mélange (poiriers, pommiers, cerisiers et pruniers) offrent de sérieux avantages prouvés par l'expérience (la production en est annuelle, précoce et durable). Ce mélange, bien compris, n'empêche pas de conserver une parfaite harmonie à l'ensemble du verger.

PLANTATION CHAMPÊTRE EN DOUBLES LIGNES ET EN SIMPLES LIGNES.

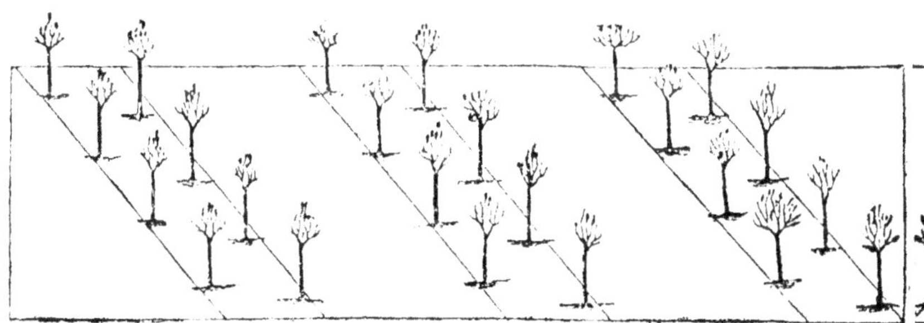

La plantation en *lignes très distancées* a sa raison d'être dans les environs des villes, où l'on a grand intérêt à cultiver (entre ces lignes espacées d'une vingtaine de mètres) soit des asperges, des groseillers, des fraisiers, des buissons de cerisiers, des pommiers nains, des légumes et, si l'on veut, les plantes agricoles en général.

Les arbres ne gênent pas les travaux : ils se trouvent à 20^{m}00 entre les doubles lignes et à 10^{m}00 dans les lignes. Nous avons exécuté ainsi plusieurs vergers dans le Limousin et la Normandie, en France.

Nous avons encore fait pour compte de M. Frantz Van den Hove, propriétaire à Diest, un très vaste verger qui présente une disposition analogue. Elle offre cet avantage considérable de ne pas gêner les travaux des champs, tels que labours, hersages, etc. Ses fermiers tiennent à ce genre de culture en attendant que ces arbres aient développé une plus grande envergure. Dès lors, ces champs seront convertis en prairies-vergers, qui sont, à notre avis, bien plus rémunérateurs.

VARIÉTÉS DE POIRIERS

convenant spécialement pour PYRAMIDES.

Les 50 poires d'élite que nous recommandons dans ce livre ne prospèrent pas également bien en pyramides ; il y en a dans le nombre dont les branches sont naturellement divergentes, ou tortueuses, ou recourbées et, malgré les soins de taille et de dressage, on n'obtient que des pyramides mal faites. La formation d'une pyramide est cependant bien simple, mais il importe que la végétation des variétés que l'on y soumet soit à la fois vigoureuse et régulière, c'est-à-dire que les branches doivent prendre naturellement et sans peine une belle direction érigée et pyramidale. Il importe aussi que ce soient des variétés dont les fruits ne souffrent pas du plein air.

Les variétés qui se prêtent le plus avantageusement à la culture pyramidale sont indiquées dans la 4ᵉ colonne par des OUI et celles qui ne conviennent pas par des NON. (Voir le tableau à la page 13.)

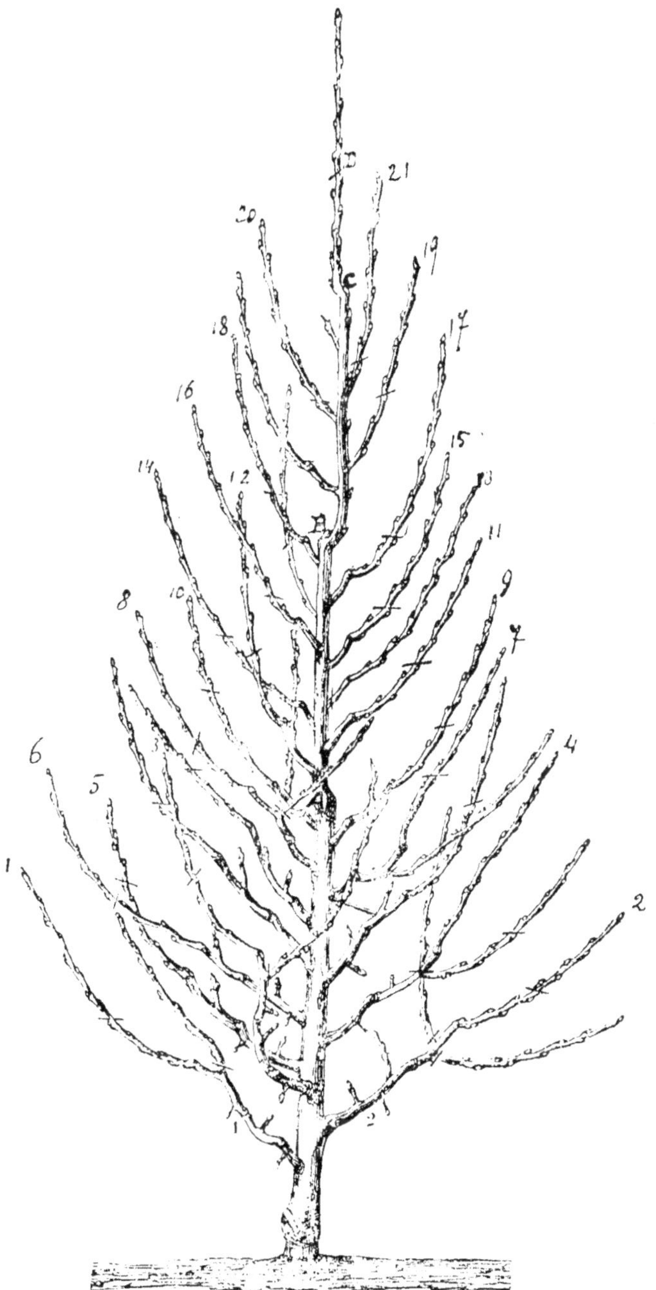

Formation de la pyramide.

Distances. — On plante les pyramides à la distance d'environ 6^m00 lorsqu'elles sont greffées sur franc de semis, à 4^m00 lorsqu'elles sont greffées sur cognassier et à 5^m00 lorsqu'on plante *alternativement* des pyramides greffées sur cognassier et sur franc de semis.

Mode avantageux. — L'*alternance* (voir plantation combinée page 127) est le mode de plantation le plus avantageux parce qu'on obtient ainsi des fruits d'une façon temporaire sur les poiriers greffés sur cognassier et d'une façon plus permanente sur ceux qui sont greffés sur franc de semis.

Formation de la pyramide. — On peut constater que la pyramide ici représentée a été greffée à fleur de terre ; qu'une première taille a été faite en A, d'où sont résultées une dizaine de branches latérales ; qu'une seconde taille a été faite en B ; une troisième en C ; une quatrième en D, etc. Par ces différentes tailles, nous avons obtenu les vingt et une branches charpentières numérotées et qui sont taillées à leur tour comme l'indiquent les sections.

En somme, pour qu'une pyramide soit bien faite, il faut :

1° Que les branches charpentières ne soient pas bifurquées ;

2° Qu'elles soient suffisamment distancées pour que la lumière puisse amplement visiter tout l'intérieur : — c'est un point capital pour la floraison et la fructification, mais il est malheureusement trop négligé ;

3° Que les branches du bas soient plus longues et plus fortes que celles qui se trouvent successivement placées plus haut.

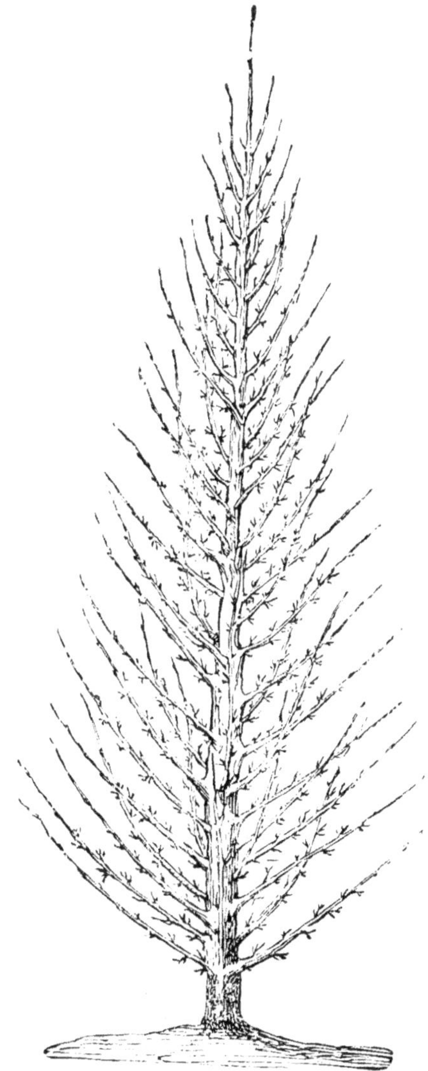

Pyramide étroite ou Fuseau.

VARIÉTÉS DE POIRIERS

convenant spécialement pour FUSEAUX.

Le fuseau est une forme très avantageuse dans les jardins petits, moyens et grands, où l'on en fait de magnifiques avenues.

On en fait également des massifs utiles et fort agréables dans les parcs ou jardins paysagers.

Le fuseau est élancé, mais étroit, portant peu d'ombrage; il ne tient guère de place, ce qui permet au planteur de réunir un bon nombre de variétés, dont les plus convenables sont indiquées au tableau page 13, dans la 5⁶ colonne *Fuseau*.

On choisit, en général, pour les terres riches des variétés qui sont de vigueur modérée et très fertiles de leur nature.

Cependant, les variétés vigoureuses plantées dans les sols maigres et secs ne se développent que modérément et y produisent beaucoup de fruits.

Distances. — On plante les fuseaux à 1ᵐ50 pour ceux greffés sur cognassiers et à 2ᵐ00 ceux greffés sur franc de semis, tant en lignes qu'en massifs.

Mise à fruits. — Voici, entre autres, un moyen

qu'on peut employer avec beaucoup de succès pour la mise à fruits des fuseaux trop vigoureux.

Nous avons vu en Angleterre bon nombre de jardins où les fuseaux, greffés sur franc, sont périodiquement déplantés et transplantés. Les variétés, même celles qui paraissent le plus rebelles à la fructification par excès de vigueur, acquièrent ainsi de nombreuses petites racines, poussent moins à bois et se mettent de la sorte à fructifier abondamment.

Tous les arbres fruitiers dressés en pyramides, en espaliers ou en contre-espaliers greffés sur franc pourraient être mis à fruits par la transplantation périodique ; mais le moyen présente surtout un grand avantage pour les fuseaux dont les prolongements des branches latérales doivent être maintenus courts par les tailles annuelles et dont la vigueur est plus modérée du double par les transplantations.

Formation du fuseau. — Il suffit de suivre les principes de taille appliqués à la pyramide, avec cette différence que la tige peut être taillée plus longue en A B C D et que les branches latérales seront maintenues plus courtes.

ESPALIER.

Les meilleures formes et les variétés spéciales.

Toutes les formes *plates*, depuis les plus petites jusqu'aux plus grandes (cordons, candélabres et palmettes), peuvent être cultivées contre les murs ou les pignons exposés au *midi*, au *levant* et au *couchant*. Ces formes sont connues sous la dénomination générale de *espalier*.

Distances :

1° Pour les cordons et les autres petites formes, aux mêmes distances que pour les mêmes formes indiquées en *contre-espalier :*

2° Les formes plus grandes, à branches *verticales*, avec six branches, à la distance de 1^{m}80 ; avec sept branches, à la distance de 2^{m}10 ; avec huit branches, à la distance de 2^{m}40 :

3° Les palmettes, à branches *obliques*, à la distance de 5^{m}00 à 8^{m}00, selon la vigueur des variétés, la hauteur des murs et la nature du terrain.

Au midi et au levant (murs exposés). On y plantera de préférence des variétés précieuses qui ne réussiraient que médiocrement ailleurs. Ces bonnes variétés sont indiquées au tableau-résumé page 13, dans la colonne *Espaliers*, midi et levant. Il va sans dire qu'on aurait tort de cultiver à ces expositions privilégiées des variétés qui réussissent tout aussi bien en plein vent et même en verger.

Au couchant et au nord (murs exposés). On doit éviter d'y planter des variétés tardives; elles ne pourraient jamais y réussir. Au *couchant*, on parviendrait encore à faire fructifier un certain nombre de variétés de poires d'automne (voir le tableau page 13); mais au *nord* il faut absolument des variétés hâtives (voir le même tableau).

Le mieux, en somme, est d'utiliser les murs exposés au nord au moyen de *cerisiers du Nord*, qui y produisent d'amples provisions de cerises, tant recherchées pas les confiseurs et les liquoristes.

CONTRE-ESPALIER.

Les variétés spéciales et les meilleures formes pour contre-espalier.

On cultive sous le nom général de *contre-espalier* toutes les formes *plates*, principalement les formes simples, restreintes, faciles à dresser et à maintenir. (Lire au bas des figures.)

Il suffit de tendre, en plein jardin, des fils de fer galvanisés de 0^m30 en 0^m30, qu'on attache solidement à des poteaux plantés de loin en loin de chaque côté des chemins.

Ce genre de culture est fort utile et agréable ; on peut en juger par ce qui suit :

1° Il constitue une belle drève de promenade ;

2° Il sert de brise-vent ;

3° Il ne porte, relativement, que fort peu d'ombrage ;

4° Les fruits, bien soutenus, ne sont pas ballottés ni arrachés par le vent ;

5° Les fleurs nouent facilement, les fruits deviennent fort beaux et exquis parce que l'air et le soleil peuvent visiter toutes les parties de l'arbre.

Variétés. On peut dire que les différentes formes de contre-espalier conviennent à toutes les variétés que nous avons énumérées pour *fuseau*. (Voir la colonne *Fuseau* au tableau-résumé page 13.)

Distances (plantation). Ces distances varient selon les formes de contre-espalier :

Cordons verticaux, à 0^m35 de distance.

Cordons obliques, à 0^m40.

Les formes en **U**, à 0^m60.

Les formes à trois branches verticales, à 0^m90.

Les formes à quatre branches verticales, à 1^m20.

Les formes à cinq branches verticales, à 1^m50.

Bref, les branches charpentières doivent, en tous cas, être distancées de 0^m30 au moins.

Les formes à branches *verticales* sont les plus recommandables quand elles peuvent être palissées contre un treillage ou un mur de 3^m50 de hauteur. Après le cordon vertical simple, qui est le meilleur, nous donnons la préférence aux formes à branches verticales *paires*, qui n'ont donc pas de branche impaire au milieu, cette branche, par suite de sa grande absorption de sève, nuisant souvent au développement de ses voisines.

FORMES RECOMMANDABLES
pour espalier et contre-espalier.

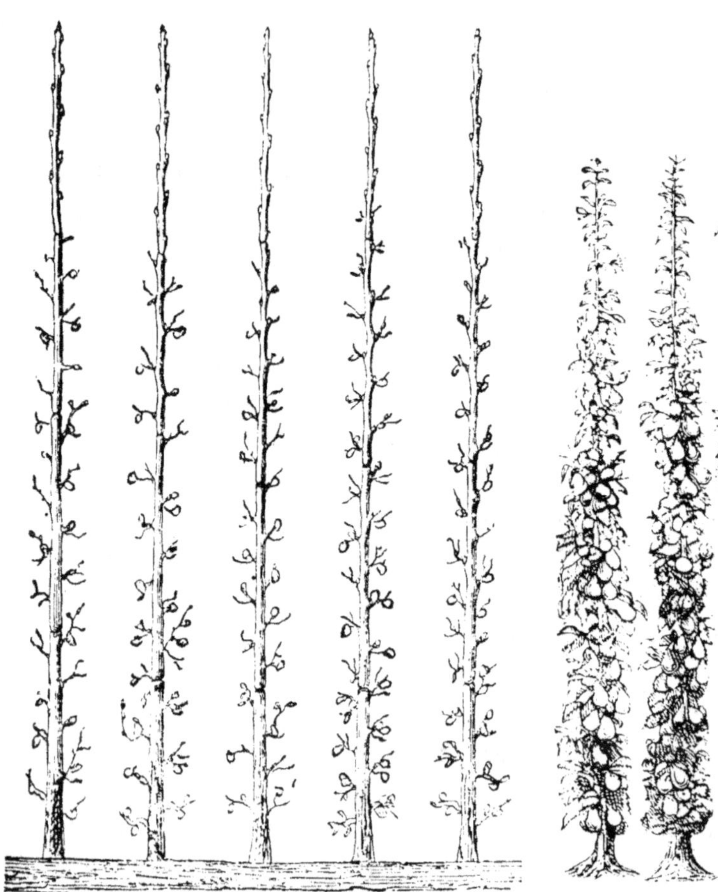

Cordons verticaux
(leur aspect en hiver).

Cordons verticaux
(leur aspect en été).

C'est la forme la plus recommandable que l'on puisse
mettre contre les treillages (le long des chemins) et les
murailles des jardins et des fermes. Mais il importe que ces
cordons verticaux puissent prendre une hauteur de 3^{m}00
minimum. — On les plante à 0^{m}35 de distance : on met donc
288 arbres-cordons par 100^{m}00 courants. Chaque cordon
peut, au besoin, être une variété différente.

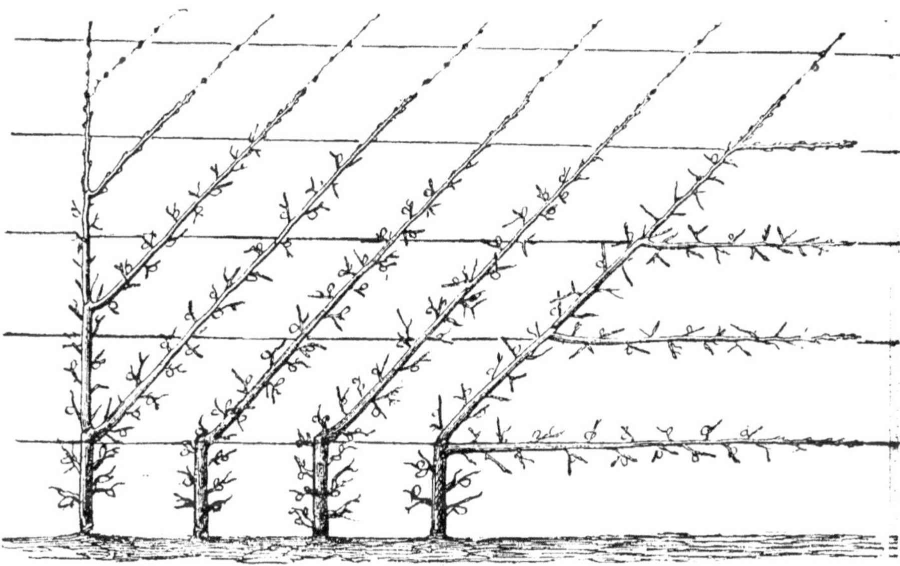

Cordons obliques.

Ceci est la meilleure forme contre les treillages (le long des chemins) et les murs ayant moins de 3^m00 de hauteur. Il importe de les planter à 0^m40 de distance: donc 250 sujets par 100^m00 courants.

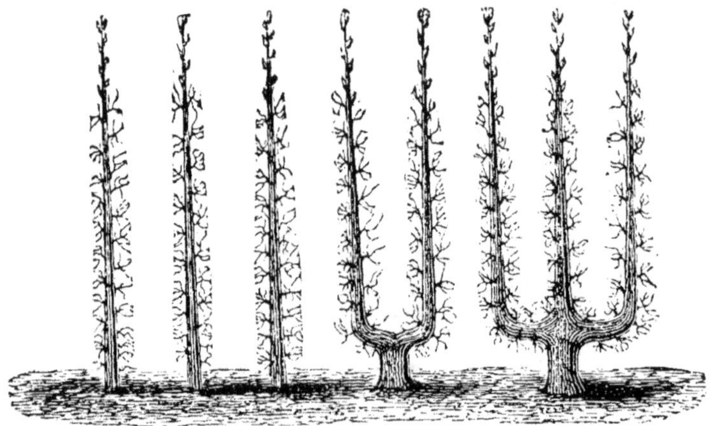

Cordons verticaux simples, doubles et triples.

Ces formes restreintes ne peuvent pas être plantées telles qu'elles figurent ici. Il importe que les cordons verticaux simples ne se composent que de cordons verticaux simples; de même, les U ne peuvent être composés que de U. Il ne faut jamais mélanger les formes.

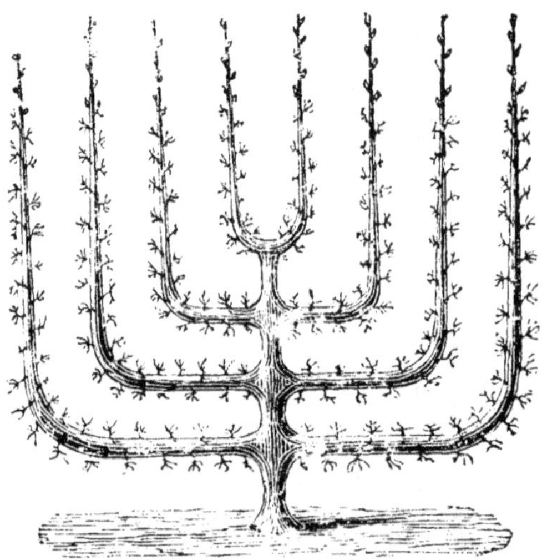

Palmette Verrier.

C'est une bonne forme pour le poirier parce que la plus grande longueur des branches est verticale, mais il lui faut un temps relativement trop long pour couvrir l'espace du mur ou du treillage qui lui est destiné.

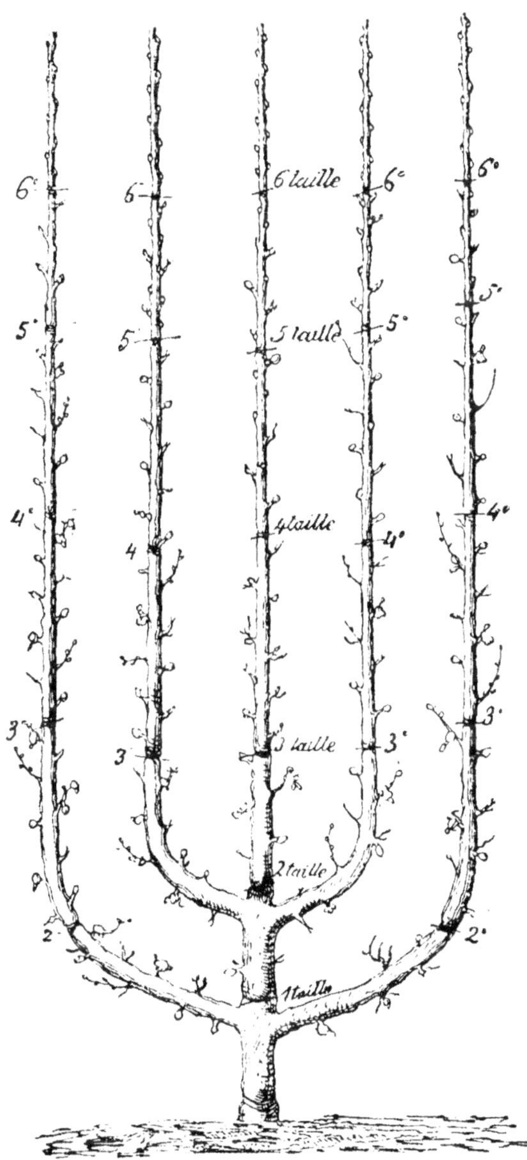

Palmette à cinq branches verticales, résultat de six tailles.
Convient en espalier et en contre-espalier. Hauteur 3ᵐ00
à 4ᵐ00.

FORMES
POUR
garnir les murs ayant moins de 2m00 de hauteur.

Poirier en éventail.

Cette forme primitive convient bien mieux au cerisier du Nord, à l'abricotier, au pêcher et au prunier qu'au poirier.

Palmette simple.

Cette forme convient mieux que l'éventail aux poiriers appelés à garnir les murs qui ont moins de 2m00 de hauteur. On les plante à 4m00 ou 5m00 de distance.

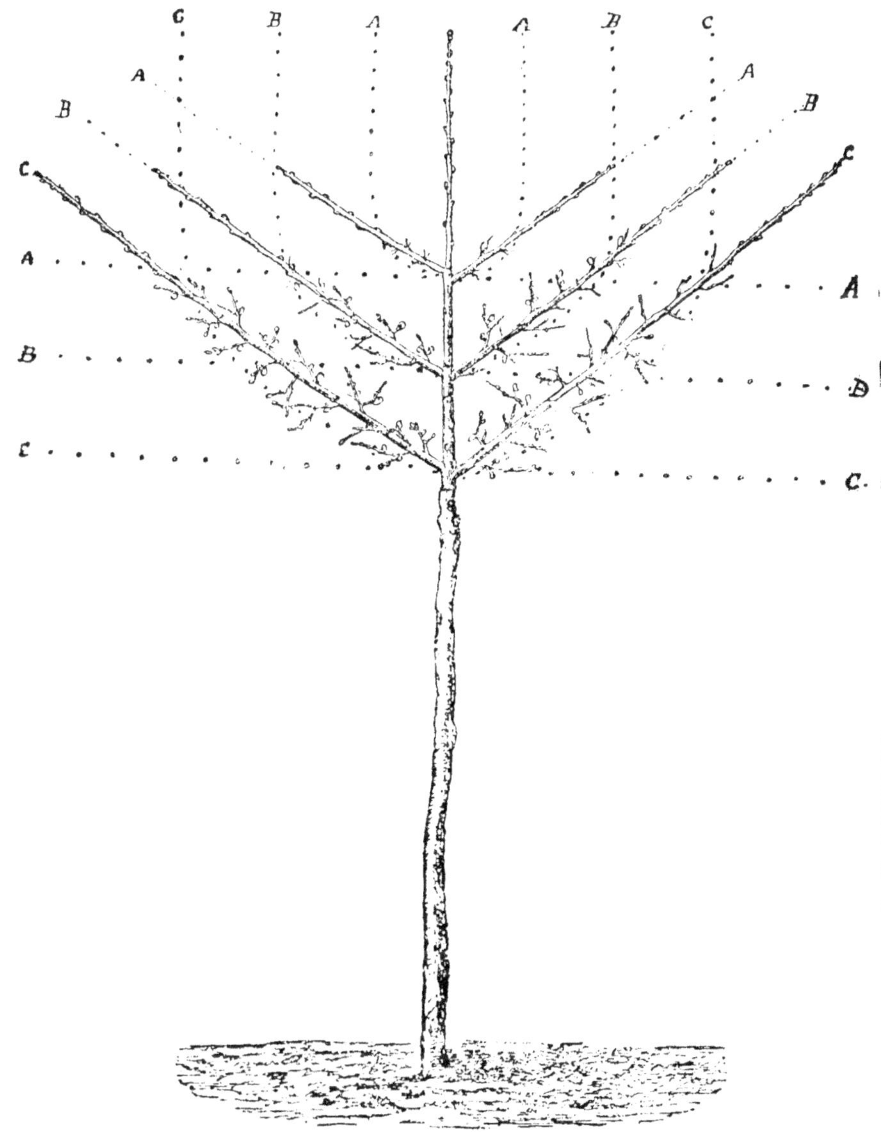

Palmette sur haute tige à branches, qu'il est possible de conduire horizontalement, obliquement ou verticalement, en A B C.

BORDURES FRUITIÈRES.

Cordon horizontal.

Comme pour le pommier nain horizontal, on tend un fil de fer horizontalement, le long duquel on conduit des poiriers nains greffés sur cognassier. On les plante à 1^{m}50 de distance.

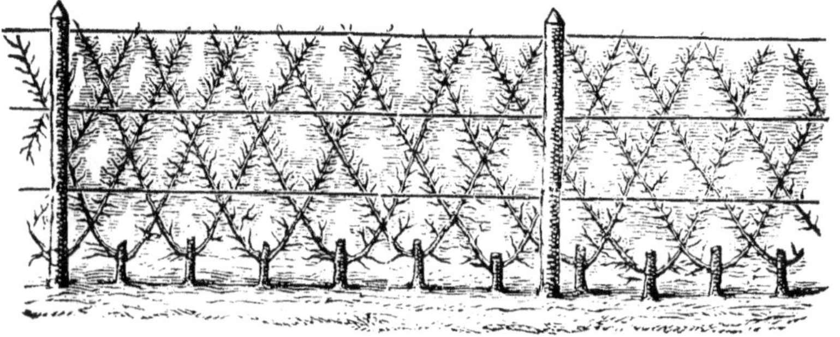

Haie fruitière croisée.

Cette forme se prête mieux aux poiriers greffés sur cognassier qu'aux pommiers greffés sur paradis ou sur doucin. On les plante à 0^{m}65 de distance et on les taille en **V**.

LE BUISSON

forme particulièrement recommandable.

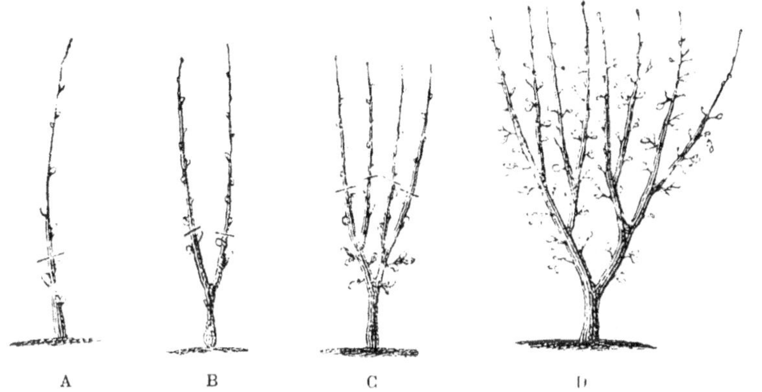

Taille des poiriers en buisson.

On cultive beaucoup en *buisson* les pommiers, les cerisiers, les pêchers et les poiriers.

Cette forme est fort avantageuse : de taille proprement dite, il n'en faut pas ; la fructification en est belle et abondante ; la récolte en est facile. On utilise surtout ces buissons pour en faire des bosquets ou des entreplantations.

L'UTILE ET L'AGRÉABLE.

Les plantations fruitières dans les jardins d'agrément.

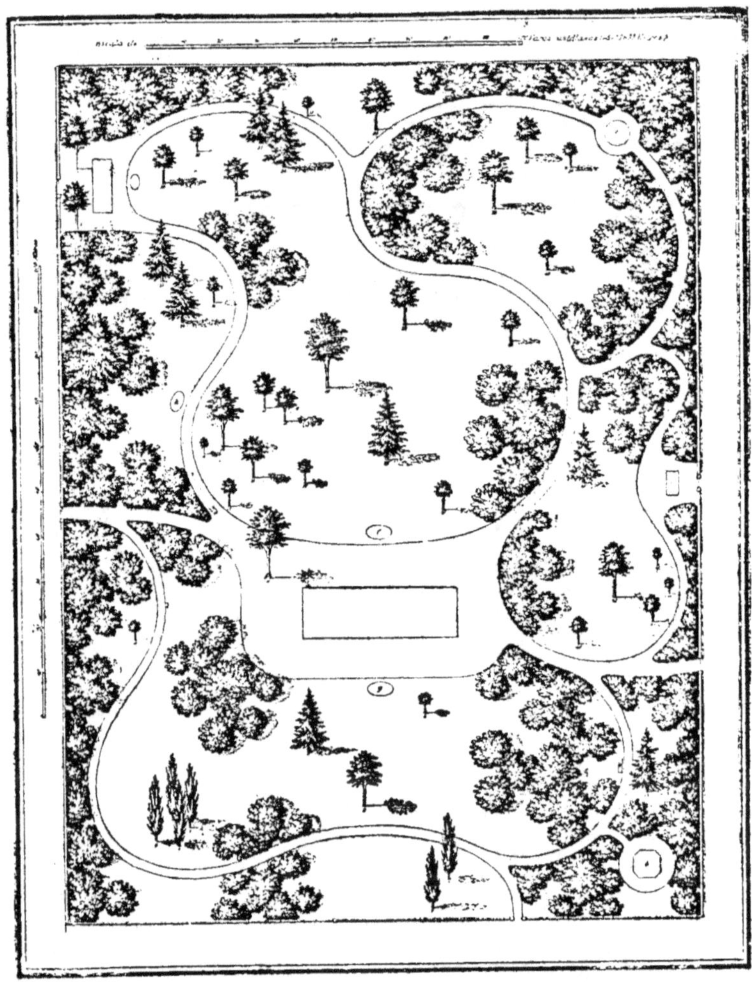

Nous restons de l'avis de M. Baltet, malgré les arguments des puristes de style, que beaucoup d'architectes de jardins affectent une tendance trop accusée à négliger l'introduction des arbres fruitiers dans les jardins paysagers.

Les poiriers comme les cerisiers du Nord et les pommiers, cultivés en hautes tiges ou en demi-tiges, telles qu'on en voit isolées dans les pelouses du plan ci-dessus, ou cultivés en groupes comme buissons occupant la place des spirées, des lilas et autres arbustes, forment des massifs aussi riants par leur port qu'admirables par leur belle floraison et tentants par leur bonne fructification.

Poire entourée de rosettes qui se disposent à fructifier
à leur tour.

La figure *A* montre un *œil*. Cet œil peut se
transformer en tige, en branche, en production
fruitière (lambourde, dard, brindille, rameau à
bois), en bouton à fleurs.

L'œil pousse à bois lorsqu'il est favorisé par une
sève abondante : un arbre vigoureux pousse beaucoup de bois et peu de fruits. Ce précepte trouve
son application lors de la formation des jeunes
arbres.

Ce même œil aurait pu se transformer en *bouton
à fruits* s'il avait reçu une sève moins abondante.

L'arboriculteur qui raisonne ainsi en opérant
tient, en quelque sorte, la bride de cette végétation.
Remarquons de plus que chaque œil est encore
accompagné à sa base de deux sous-yeux, qu'on peut
faire surgir au besoin et mettre a profit au moyen
d'une taille très courte ou d'incisions.

La figure *B* montre une rosette qu'on appelle
lambourde non couronnée ; c'est après tout un œil
qui peut, selon la quantité plus ou moins grande de
sève qu'il recevra, se transformer en *bois* ou en
bouton à fruits. On ne la taille pas.

La figure *C* montre une production garnie d'une
bourse surmontée de deux lambourdes couronnées
(boutons à fleurs). C'est une bonne production fruitière telle qu'elle est. Cependant, un seul bouton
suffit en cas de grande abondance de boutons sur le
même arbre. *La bourse* est un renflement qui per-
siste après chaque fruit ; la bourse constitue l'élément le plus fertile de l'arbre. (Voir figures *C* et *J.)*

La figure *E* montre un bouton en fleurs : ce bouton est un œil transformé. Il importe de ne jamais
oublier, lors de la taille, que ce sont les yeux les plus
gros qui se transforment le plus vite en boutons à
fleurs ; de plus, ces boutons sont mieux constitués et
les plus fertiles en beaux fruits. Notons, en outre,
qu'*un seul* bouton renferme de sept à dix fleurs, et,
si la floraison s'accomplit sans accident, chaque
fleur produit une poire. Il en est de même chez le
pommier.

La figure *F* est une lambourde couronnée (bouton à fleurs). On ne la taille pas.

La figure *II* est un dard couronné (terminé par un bouton à fleurs). Il y a encore le dard non couronné (terminé par un œil). On ne taille ni l'un ni l'autre.

En somme, tout ce qui précède ne doit subir aucune taille. Il n'y a que la *brindille* (figure *D*) et le *rameau à bois* (qui est un peu plus long et plus fort que la brindille) qu'on doive tailler. C'est très simple ; voici comment on procède :

La *brindille* sera taillée sur deux ou trois yeux au plus ; de cette façon, on obtient une production solide, courte et fertile, à peu près dans le genre de la figure *G*.

Le *rameau à bois* sera taillé à l'épaisseur d'un écu comme le montre la figure *I*. Il en résulte que les sous-yeux se transforment en productions fruitières analogues à celles qui ont surgi. (Voir à la base de la figure *I*.) Cette taille est surtout nécessaire lorsque le rameau se trouve à un point trop favorisé par la sève.

TAILLE D'ÉTÉ.

La taille d'été, bien comprise, constitue le meilleur moyen de former l'arbre et de le mettre à fruits; elle comprend surtout les opérations suivantes :

1° *L'ébourgeonnement.* On doit veiller à distancer les branches charpentières à une trentaine de centimètres; les productions fruitières doivent être distancées d'une quinzaine de centimètres : sinon, la lumière ne peut produire ses salutaires effets. L'ébourgeonnement consiste à enlever les bourgeons superflus ;

2° *Le pincement.* Les bourgeons abandonnés à la nature s'allongent et se dégarnissent trop à leur base. Le pincement — qui consiste à les rogner à une quinzaine de centimètres de longueur au fur et à mesure qu'ils atteignent ce développement — procure une juste force à la partie restante, et les yeux conservés se transforment ainsi plus facilement en boutons à fruits.

Les pépiniéristes pincent beaucoup leurs jeunes arbres en vue de supprimer la force aux bourgeons qui s'emportent et au profit des bourgeons trop faibles.

Avec un pincement bien fait, on évite la taille en vert, qui donne trop souvent lieu à des pousses qu'on appelle *faux bourgeons.*

LES POIRIERS REBELLES.

Moyens de les mettre à fruits.

Lorsque le poirier ne donne pas de fruits, c'est qu'il végète ou *trop faiblement* ou *trop rigoureusement*.

Aux poiriers trop faibles, on procure de la force suffisante — si les arbres ne sont pas usés — au moyen de fumures de fumier court et des engrais liquides.

Pour mâter la force aux *poiriers trop rigoureux*, on peut user d'un ou de plusieurs des moyens suivants :

1° Tailler long les branches charpentières, — ce qui est surtout possible chez les arbres en espalier et en contre-espalier ;

2° Tailler long les productions fruitières ou bien encore laisser de loin en loin des productions fruitières dans toute leur longeur qu'on palisse sur le corps des branches charpentières ;

3° Arquer, recourber les branches vers le sol ;

4° Déplanter lorsque les arbres sont encore assez jeunes ;

5° Couper quelques grosses racines ;

6° Greffer des boutons à fleurs sur le corps des branches charpentières et les productions fruitières.

Il y a d'autres moyens encore, mais ceux-ci sont suffisants.

——◆——

AUTRE COLLECTION DE BONNES POIRES.

NOMS DES VARIÉTÉS.	ÉPOQUE de maturité.	NOMS DES VARIÉTÉS.	ÉPOQUE de maturité.
Alexandre Bivort	Déc.-Janv.	Curé (de)	Nov.-Janv.
Ananas	Sept.-Oct.	Délices de Lovenjoul	Novembre
Anna Nélis	Hiver	Des Deux Sœurs	Octobre
Anna Aubusson	Janv.-Fév.	Désiré Cornélis	Août
Auguste Royer	Octobre	de Spoelberg	Oct.-Nov.
Avocat Allard	Oct.-Nov.	Docteur Nélis	Octobre
Baronne de Mello		Doyenné Jamin	Janvier
Barbe Nélis	Août	Duc de Nemours	Novembre
Beau Présent d'Artois	Septembre	Emile d'Heyst	Octobre
Belle sans Pepins	Août-Sept.	Epargne	Août
Besy des Vétérans	Hiver	Figue d'Alençon	Janvier
Besy Goubault	Nov.-Déc.	Fondante de Louvain	Septembre
Besy de Mai	Printemps	Fondante de Malines	Octobre
Besy de Saint-Vaast	Déc.-Janv.	Général Totleben	Novembre
Beurré Bachelier	Nov.-Déc.	Grand Soleil	Décembre
Beurré Baltet père	Décembre	Henri Bivort	
Beurré Bretonneau	Hiver	Jules d'Airolles	Novembre
Beurré Capiaumont	Oct.-Nov.	Léon Grégoire	Décembre
Beurré d'Angleterre	Sept.	Louis Grégoire	Novembre
Beurré Delfosse	Déc.-Janv.	Martin sec	Hiver
Beurré De Jonghe	Décembre	Monseigneur Sibour	Novembre
Beurré Dumortier	Octobre	Nouveau Poiteau	Octobre
Beurré Goubault	Septembre	Nouveau Simon Bouvier	Novembre
Beurré Perpétuel	Octobre	Orpheline d'Enghien	Janvier
Beurré Saint-Nicolas	Sept.-Oct.	Pie IX	Septembre
Bon Gustave	Janvier	Poire Seckle	Octobre
Brandywine	Août	Président Mas	Janvier
Broomparck	Janv.-Fév.	Prévost (Bivort)	Février
Callebasse Boisbunel	Février	Prince Albert	Printemps
Callebasse Tougard	Octobre	Salviati	Août
Capucine Van Mons	Fév.-Mars	Suzette de Bavay	Hiver
Charles Ernest	Décembre	Urbaniste	Novembre
Citron des Carmes	Juillet	Van Marum	Hiver
Clément Bivort	Décembre	Virgouleuse	Déc.-Janv.
Commissaire Delmotte	Janvier		

CUEILLETTE ET CONSERVATION

DES POIRES.

La cueillette des poires doit se faire par un temps sec.

Les variétés d'été et d'automne doivent être cueillies de préférence cinq ou six jours avant leur maturité; on en prolonge ainsi la jouissance.

Les variétés d'hiver doivent être cueillies à la fin d'octobre ou au commencement de novembre. Une petite gelée, un ou deux degrés, ne peut leur nuire.

Conservation des poires d'hiver. Une cave bien sèche, un grenier, une chambre exposée au nord, mais où les fruits sont cependant à l'abri des gelées. un local quelconque où l'air est froid et sec, et dont on peut supprimer la lumière, peuvent servir de fruiterie. Mais il importe d'observer les points suivants :

1° Etaler les poires dans une pièce aérée, avant de les rentrer dans la fruiterie, jusqu'à ce qu'elles aient perdu la surabondance de leur humidité;

2° Inspecter les fruits une fois par semaine et enlever les poires mûres ou tachées de pourriture. Cette inspection est d'autant plus facile que les poires se trouvent étalées sur des tablettes superposées à 0^{m}30.

FIN.

TABLE ALPHABÉTIQUE DES MATIÈRES.

—

FIN DE LA TABLE ALPHABÉTIQUE.

Bruxelles, imprimerie Polleunis et Ceuterick, rue des Ursulines, 37.

SOCIÉTÉ BELGE DE LIBRAIRIE.

(Extrait du Catalogue général.)

Proost (le Professeur ALPHONSE). — *L'année scientifique et agricole*. 1 volume in-18 de 317 pages. . . . . **3 fr.**

— *Traité pratique de chimie agricole et de physiologie*. 1 volume in-12 de 411 pages . **3 fr.**

Tykort (E). — *Des prairies*, irrigation, assainissement et amélioration. 1 volume in-12 de 52 pages, avec un tableau comparatif. . . . . . **1 fr. 50.**

van der Straten-Ponthoz (Comte J.). — *Coup d'œil sur la propriété privée des rivières et ruisseaux non navigables et non flottables*. Code civil, lois, arrêts, capitulaires, ordonnances, usages, coutumes. 1 volume gr. in-4° avec tableaux comparatifs des lois . . . . **5 fr.**

Soignie (JULES DE). — *Entretiens sur les animaux*, ouvrage couronné par la Société protectrice de Paris. 1 volume in-8° de 188 pages . **1 fr. 50.**

Chaudé (l'Abbé). — *Botanique descriptive*, contenant l'organographie, l'anatomie, la physiologie et la classification des plantes. 1 volume in-18 de XI-231 pages . . . . **2 fr.**

Bruxelles, imprimerie Polleunis et Ceuterick, rue des Ursulines, 37.